KB043949

쇼몽 가든 페스티벌과 정원 디자인

쇼몽 가든 페스티벌과 정원 디자인

초판 1쇄 발행 2012년 9월 24일

지은이 | 권진욱
펴낸이 | 신현주
펴낸곳 | 나무도시
편집 | 남기준
디자인 | 윤정우
출력 | 한결그래픽스
인쇄 | 백산하이테크

출판등록 | 2006년 1월 24일 (제396-2010-000140호)
주소 | 경기도 고양시 일산동구 장항동 733 한강세이프빌 201-4호
전화 | (031)915-3803 | 팩스 (031)916-3803 | 도서주문팩스 (031)622-9410
이메일 | namudosi@chol.com

ISBN 978-89-94452-18-0 93520

파본은 교환하여 드립니다.

쇼몽 가든 페스티벌과 정원 디자인

FESTIVAL DES JARDINS DE CHAUMONT SUR LOIRE & GARDEN DESIGN

권진욱 지음

나무도시

jardins de Chaumont

쇼몽과의 인연은 1998년부터 시작되었다. 낭시란 도시에서 파리로 막 자리를 옮길 때여서, 또 다른 프랑스를 경험한다는 설렘과 흥분, 두려움이 교차하던 시기였다. 그래서였을까? 쇼몽의 첫인상은 무척이나 강렬했다. 그리고 그 강렬함은 프랑스 생활을 마치고 귀국한 이후 지금까지 무려 15년 가까이 쇼몽으로 나를 이끌고 있다.

물론 아무리 강렬한 인상과 추억도 세월이 흐르면 무뎌지듯이, 쇼몽의 정원들에 대한 생각도 많이 달라진 것이 사실이다. 또 생각이 달라진 만큼 정원을 답사하는 패턴에도 꽤 변화가 있었다. 1998년의 첫 기억을 돌이켜 보면, 그동안 한국에서 보지 못했던 실험적이고 상상력 넘치는 정원들에 넋을 빼앗겨서는 무작정 카메라 셔터만 눌러대기 바빴었다. 그후로도 몇 차례의 답사에서는 카메라를 좀처럼 손에서 놓지 못했었다. 하지만 어느 때부터인가 자료를 위해 사진을 찍으면서도 정원을 정원으로서 조금씩 음미하고 이용하기 시작했다. 때론 거만한 비평가처럼 먼발치에서 정원을 바라보며 분석을 시도하기도 했는데, 역시나 가장 기억에 남고 만족스러웠던 경험은 마치 내 집 정원인양 느리게 산보하며 정원의 여러 요소들을 찬찬히 둘러보던 평화로운 순간이었다. 학습자에서 관찰자로 다시 산보자로 바뀐 이런 답사 패턴은 아마 어느 순간 또 다른 모습으로 바뀌게 되지 않을까 싶다.

정원을 감상하는데 정답은 당연히 있을 수 없다. 미술 작품 역시 마찬가지일 것이다. 그 대상이 무엇이건, 감상은 개인적 경험을 바탕으로 한 주관적 향유의 과정이기 때문이다.

때문에 이 책에 담겨 있는 쇼몽 정원에 대한, 또 일반적인 정원 디자인에 대한 감상과 견해는 전적으로 주관적이고 개인적인 것들이다. 쇼몽의 정원을 둘러보며 느꼈던 감흥과 감동을 함께 나누고 싶은 마음에서 욕심을 조금 내보았을 뿐, 이것이 하나의 정답이라고 강조하고 싶은 마음은 추호도 없다. 그저 소박하게 우리의 삶을 풍요롭게 하는 정원을, 정원의 매력을, 정원의 아름다움을 함께 생각하고 싶었을 뿐이다.

작은 바람이 있다면, 정원에 관심 있는 많은 애호가 분들에게, 또 정원 디자인을 본격적으로 공부해보고 싶은 분들에게 조금이나마 도움이 되었으면 하는 것뿐이다.

아쉬움이 있다면 식재와 식물 재료에 대해서 함께 언급하지 못한 것인데, 식물은 그 자체만으로도 너무 방대한 양이기 때문에 책 한권에는 도저히 담을 수 없었고, 사실 나의 역량이 식물을 깊이 있게 소개하기에는 아직 부족한 점이 많은 것도 사실이다. 이에 대해서는 널리 양해를 구하고자 한다.

마지막으로 이 책을 출간할 수 있도록 도움을 주신 모든 분들에게 뜨거운 감사의 마음을 전하고, 아내와 함께 이 책이 출간되기까지의 기나긴 여정을 회고하고 자축하며 이제 또 다른 여행을 위한 구상을 시작하려 한다.

2012년 9월

권진욱

차
례

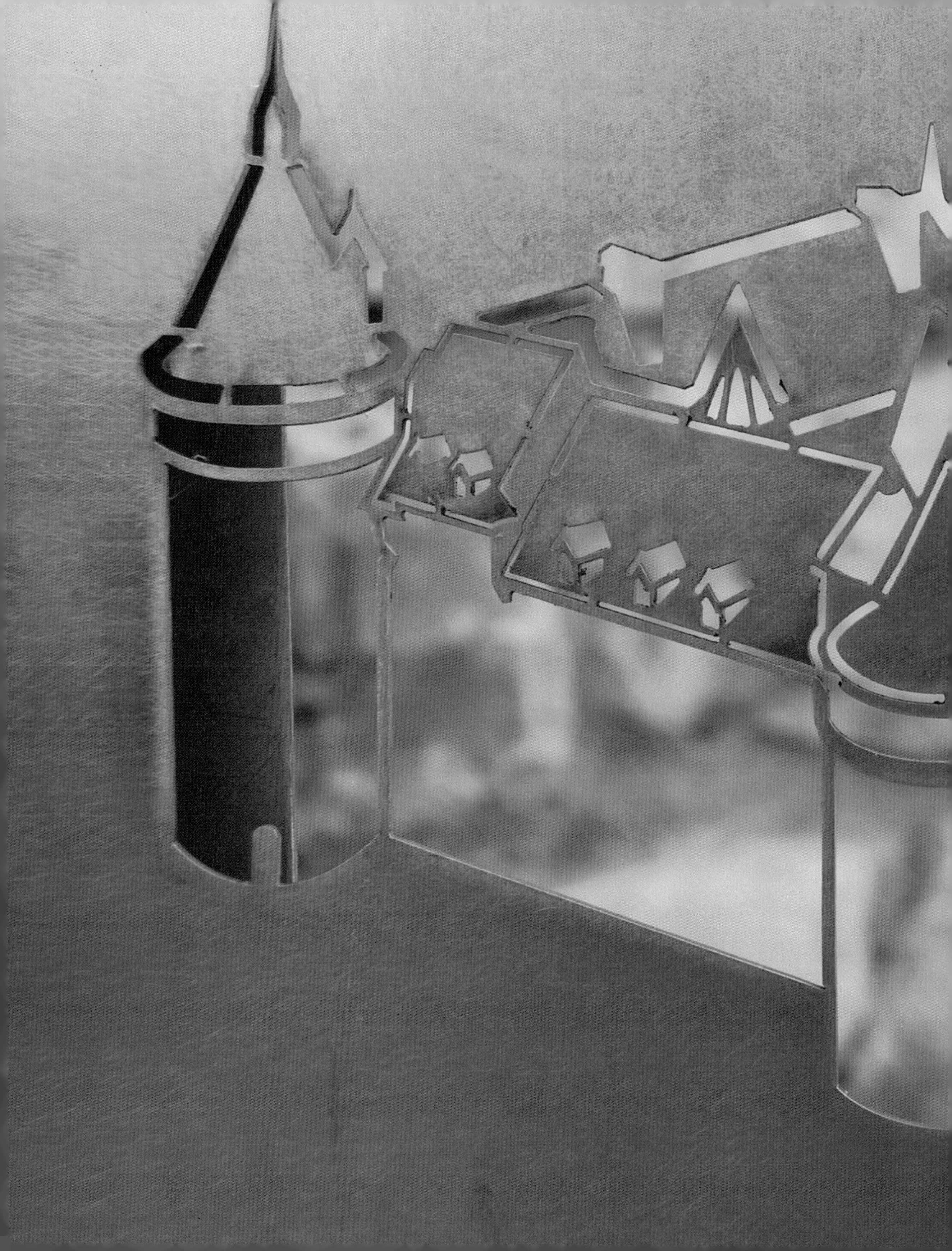

FESTIVAL DES
JARDINS DE
CHAUMONT
SUR LOIRE &
GARDEN DESIGN

쇼몽 가든 페스티벌에서 정원, 예술을 만나다!

쇼몽으로 떠나기에 앞서

꽤 오랜 시간 발품을 팔아가며 돌아다녔다. 핑계도 제법 그럴싸했다. 일단 조경이란 전공이 등을 떠밀었다. 명색이 사람들이 실제로 이용하는 외부공간을 디자인하는 조경을 전공하고 있으면서 어떻게 책상머리에 앉아서만 설계를 할 수 있을까 싶었다. 눈으로 직접 보고 두 발로 거닐면서 체험하는 것보다 더 좋은 공부는 없다고들 하지 않나. 게다가 학생들을 가르치는 입장이 되고 보니, 답사가 하나의 의무감처럼 다가왔다. 그러나 솔직히 고백하건대, 결코 하기 싫은 숙제도 의무감도 아니었다. 수많은 공원과 정원을 찾아다녔던 그 시간들이 조경을 전공하면서, 정원에 대해 가르치면서 가장 행복했던 순간들이 아니었나 싶다.

그리고 나에게 부족하지만 공간을 다루는 설계 감각과 감성이 깃들어 있다면, 그건 전적으로 그 시간들 덕택이었다고 생각된다. 어쩌면 지금의 나를 키운 건 8할이 답사였다고 말해야 할지도 모르겠다. 마치 내가 만든 곳을 둘러보듯이 공간에 동화되어 어슬렁거리고 산보했던 수많은 시간들이 공간감과 조형감각을 키우는데 큰 자양분이 되었다.

사실 실제 공간을 다루는 조경이나 건축 분야에서 답사의 중요성은 아무리 강조해도 지나치지 않다. 다양한 대상지들을 직접 걸으며 몸이 느끼는 감각을 받아들이고 눈에 새기고 머리로 이해하고, 또 무엇보다 특정 공간에 대한 체험을 마음속에 담아두는 것보다 더 좋은 공부가 무엇이 있겠는가. 어쩌면 이런 일련의 행위는 마치 설계의 과정과 흡사하다는 생각도 든다. 아니면 그런 축적된 경험을 바탕으로 상상 속 체험을 현실화하는 것이 설계라고 할 수도 있겠다. 어찌되었건 환경과 교감을 나누어야 하는 조경이나 건축 분야에서는 현장 학습을 통하여 경험을 쌓고 그렇게 축적된 경험을 토대로 설계 언어를 습득해 가는 과정이 필수적이다. 정원 디자인 역시 이와 다르지 않다. 아니 정원 디자인은 공원보다 작은 스케일을 다루는 경우가 많으니, 그 미묘하고 섬세한 작업의 성격만큼 답사가 더욱 중요하다고 할 수 있다.

이 책에서 주로 소개하고자 하는 것은 프랑스의 쇼몽 가든 페스티벌Festival des jardins de Chaumont sur Loire에 출품된 다양한 정원들이다. 그럼 이렇게 책으로 소개할 것이 아니라, 직접 답사를 가보라고 추천하면 될 일이 아니냐고 이야기할 수도 있겠다. 하지만 이 책에서 소개하고 있는 정원들은 더 이상 쇼몽에서 만나볼 수가 없다. 매년 다른 주제로 새로운 정원들이 4월부터 전시되기 시작했다가 10월이면 철거되기 때문이다. 답사를 강조했던 입장에서 쇼몽 정원들을 책을 통해 제법 자세히 소개하는 이유 중 하나이다. 사실 쇼몽의 이런 특징은 늘 새로운 작품을 전시해야 하는 플라워 쇼나 가든 페스티벌의 태생적 한계이기도 하지만, 실험적이고 독특하고 새로운 정원을 갈망하는 이들에게는 더할 나위 없이 좋은 시스템이기도 하다.

쇼몽을 소개해보려고 하는 두 번째 이유이자 결정적 이유는 쇼몽의 정원들이 전달하는 매력 때문이다. 하긴 달리 무슨 말이 더 필요할까? 그만큼 쇼몽의 정원에서 엿볼 수 있는 예술적 상상력과 조형미는 치명적이다.

그렇다고 현실과 완전히 동떨어진 정원들만 전시되는 것도 아니다. 쇼몽의 정원들이 다루는 주제는 때론 일상 그 자체이기도 하고, 사회적 메시지가 두드러질 때도 있고, 예술적 감성이 충만할 때도 있다. 비록 딱 1년(정확히는 7개월 남짓)만 전시되는 일시적인 정원이지만, 그 정원들이 확산시키는 메시지는 "정원에는 완성이 없다"는 바로 그 말처럼 정원 예술을 영구히 뒷받침하는 든든한 버팀목이 되어주고 있다. 어쩌면 정원의 찰나적이고 순간적이며 미완결적인 매력을 극명하게 엿볼 수 있는 정원들일 수도 있겠다.

마지막 이유는 이 책에서 주로 다루고자 하는 정원 디자인과 공간감, 조형 요소를 소개하는 데에 쇼몽의 정원만큼 안성맞춤인 사례도 없다는 생각 때문이다. 정원을 무대로 한 상상력의 전시장이라고 불러도 어색하지 않을만큼 쇼몽의 정원에는 실험적이고 독특하고 창의적인 시도들이 넘쳐난다. 정원 디자인에서 우리가 해봄직한 여러 아이디어들이 무궁무진함 셈이다. 그러니 어찌 쇼몽을 메인으로 삼지 않을 수 있을까?

다만, 오해가 생길 수도 있을 것 같아서 한 가지는 짚고 넘어가고자 한다. 바로 쇼몽 정원의 일시성과 관련된 문제다.

흔히들 "정원에는 완성이 없다"고 한다. 나 역시 누군가 정원이 무엇이라고 생각하느냐 혹은 정원의 대표적인 특징이 무엇이냐고 물어보면, 주저 없이 '정원에는 완성이 없다'는 말로 이야기를 시작한다. 완공과 동시에 쇠퇴의 과정을 거치는 건축과 달리, 자연의 일부로서 늘 변화하고 성장하는 정원의 특징을 이보다 더 잘 표현한 말은 없기 때문이다.

특히나 정원은 세월의 흐름에 따라 한 장소에 쌓여가는 시간의 층위를 켜켜이 보여줌으로써 미완결적 매력이 무엇인지를 여실히 보여준다. 또한 정원은 시간이 흐를수록 더욱 멋진 풍경 속으로 우리를 초대한다. 인간의 디자인 의도와 인간이 도저히 예측할 수 없는 자연의 힘이 만들어내는 조화는 때론 경이롭기까지 하다.

그런데 쇼몽의 정원은 철저히 계산적이다. 인간의 의도가 나뭇가지의 방향 하나에도 담겨 있다. 아주 작은 디테일까지도 섬세하게 계산된 인위적인 공간인 것이다. 때문에 세월의 흔적이 담겨 있는 정원에서, 또 우리가 직접 정원을 가꾸면서 느낄 수 있는 감동을 맛보기엔 아쉬움이 있는 것이 사실이다. 쇼몽의 정원은 삶의 공간이 아니기 때문이다. 이 점을 염두에 두고 우리가 취해야 할 것을 취하는 것이 현명한 방법이 아닐까 싶다.

이 책의 목적은 쇼몽 가든 페스티벌의 단순한 소개에 있지 않고, 쇼몽의 기행문 성격도 아니다. 쇼몽의 정원을 통해, 정원의 매력에 대해서, 정원 디자인에 대해서, 정원 디자인에 도움이 되는 조형 요소에 대해서 함께 고민하고 생각해보는 것이 첫 번째이자 마지막 목표이다. 그래서 쇼몽 가든 페스티벌의 출품작을 주제별로 혹은 시대순으로 살펴보고자 하지 않았다. 다양한 주제 아래 전시된 여러 시기의 정원들을 이리 저리 뒤섞어서 새로운 흐름을 만들어보았다. 그 주요 내용은 아래와 같다.

“1장. 정원과의 교감”은 일종의 워밍업에 해당하는 내용으로, 본격적인 정원 감상에 앞서 정원을 대하는 마음가짐과 정원 감상을 위한 길잡이 내용들이 주를 이루고 있다. 감성과 디자인 감각, 마음의 여유, 자연의 힘과 시간의 변화, 발상의 근원 등이 이 파트의 주요 키워드들이다.

"2장. 주제의 이해와 표현"에서는 처음으로 정원을 마주하게 될 때 갖게 되는 궁금증 중의 하나인 작정 의도가 주를 이룬다. 사실 다른 정원이었다면 작정 의도가 그리 중요하게 느껴지지 않을 수도 있다. 하지만 쇼몽이라면 이야기는 완전히 달라진다. 이는 이 책에서 소개하고 있는 사진을 통해서도 충분히 공감할 수 있는 이야기인데, 쇼몽의 정원들을 처음 접하게 되면 너무도 자연스럽게 "이 정원은 과연 무슨 이야기를 하고자 하는 것일까"라는 궁금증이 떠오른다. 그래서 두 번째 파트에서는 '정원의 표정 읽기'와 '정원에서 주제를 효과적으로 전달하는 방법' 등을 살펴보았다. 정원 감상자의 입장에서는 작가의 디자인 의도를 파악함으로써 정원을 색다르게 감상하는 즐거움을 얻을 수 있고, 정원을 만드는 디자이너들에게는 자신이 표현하고자 하는 주제를 어떻게 전달할 수 있을까라는 실마리를 줄 수 있을 것이다.

"3장. 정원과 조형 오브제"는 '어떠한 형태를 담을 것인가'와 '어떻게 보여줄 것인가'에 대한 대답이라고도 할 수 있다. 시각예술로서의 정원에 담겨 있는 여러 시각적인 조형 요소들과 정원의 공간 구조를 분석하고 살펴봄으로써 정원 예술만의 특징을 정리해보고자 했다. 공간을 구성하는 조형 요소들이 정원이란 3차원 공간 내에서 어떤 역할을 하고 있는지 엿볼 수 있을 것이다.

마지막 "4장. 재료와 소재의 표현과 감성"은 정원 예술의 특징을 맛볼 수 있는 내용들로 구성되었다. 독특한 발상과 신선한 아이디어를 바탕으로 정리된 작정 의도가 어떠한 재료와 소재로 표현되고 있는지를 확인할 수 있고, 의미 전달이나 주제의 표현을 위해 동원된 재료들에 어떤 은유적 의미가 담겨 있는지를 엿볼 수 있다. 또 정원 디자인에 활용되는 다양한 재료들의 특징을 한눈에 살펴볼 수도 있다.

왜 쇼몽 가든 페스티벌인가?

프랑스의 정원 박람회 혹은 가든 페스티벌의 역사는 유럽의 다른 나라들에 비해 길지 않고 개최되는 행사의 수도 많지 않다. 쇼몽이 거의 유일하다고 단정 지어도 그리 무리가 아닐 정도다. 그렇지만 쇼몽 가든 페스티벌은 여타의 플라워 쇼나 정원 박람회와는 확실히 구분되는 독특한 분위기를 갖고 있다. 우선 프랑스적이라고 할 수 있는 자유로운 문화적 사고와 철학을 바탕으로 한 예술적 취향이 곳곳에서 느껴진다. 참여하는 작가가 프랑스인이 아니더라도 이러한 분위기는 크게 다르지 않다. 또 개방적이고 배타적이지 않으며 예술 혹은 디자인을 다루는데 있어 탈영역적이고 선도적인 실험을 주저하지 않는 분위기가 짙게 배어있다.

이러한 분위기 탓일까? 쇼몽 가든 페스티벌에서 만나게 되는 정원들에는 한두 마디로 쉽게 정리할 수 없는 독특함이 있다. 정원 디자인 속에서 시대상을 반영하는 생활의 모습을 엿볼 수도 있고, 자연의 신

백색나무 _ L'Arbre blanc

조각물의 재배법_ Sculptillonnage

비로움과 어우러진 예술적 조형성을 찾을 수도 있고, 우리가 살아가고 있는 사회에 던지는 메시지를 읽을 수도 있고, 단순한 유희의 차원을 초월하여 정원이 비주얼 컬처의 하나로 미적인 영역에서 작동하고 있음을 깨닫게 되기도 한다. 어쩌면 쉽게 정의할 수 없는 다양성이 쇼몽 정원의 가장 확실한 정체성일 수도 있겠다.

누구의 눈치도 보지 않고 원하던 디자인을 마음껏 실험해볼 수 있는 자유를 허락하는 실험적 캔버스가 바로 쇼몽이기에, 오늘도 전 세계의 수많은 정원 디자이너들은 쇼몽을 꿈꾸며 마음 설레어 한다. 그리고 그런 설렘이 수많은 사람들을 쇼몽으로 이끄는 색다른 창조물로 탄생되는 것이 아닐까 싶다.

쇼몽과 관련된 자료를 뒤적이다 보면, 곳곳에서 유독 눈에 띄는 문구가 있다. 그 속에서 그들은 당당히 외치고 있다. "오십시오! 그리고 우리들의 아이디어를 훔쳐가세요." 왠지 이 외침이 쇼몽의 특징과 목적을 가장 단적으로 웅변하고 있다는 느낌이 들기도 한다.

그런 자신감을 바탕으로, 쇼몽의 정원 작품들은 마치 프랑스의 패션쇼와 흡사한 역할을 담당하기도 한다. 앞으로 유행할 패션 트렌드를 전 세계에 미리 소개하는 '프레타 포르테Prêt-à-porté'나 '오트 쿠튀르Hâut-coûture'와 같은 역할도 맡고 있다는 것이다. 최신의 정원 유형과 경향에 많은 영향을 미치는 것은 물론이고, 새로운 스타일을 선도하는 역할도 하고 있고, 조경과 정원을 업으로 삼고 있는 전문가뿐만 아니라 정원에 관심을 갖고 있는 모든 이들에게 매년 다양한 흥밋거리와 이야기거리를 제공하고 있다. 한마디로 최첨단 정원 패션쇼인 셈이다. 그래서 새로운 경향에 호기심이 많고 새로운 것을 갈구하는 수요자들에게 쇼몽은 더할 나위 없는 찬사를 받고 있다. 또한 실제로 이곳에 전시되었던 정원들이 응용된 정원, 건축 외부공간, 오픈 스페이스를 어렵지 않게 발견할 수 있기도 하다.

그렇지만, 쇼몽의 정원들이 모든 이들에게 찬사를 받는 것만은 아니다. 감상자의 문화적 수용력이나 가치판단의 기준에 따라, 혹은 지극히 주관적인 취향에 따라 좋고 싫음이 분명히 갈릴 수 있다. 특히나 쇼몽의 정원은 실험적인 경향이 강하기 때문에 아무리 이해하려고 해도 납득할 수 없거나 난해하기만 한 경우도 분명히 있다. 그렇지만 한 걸음 물러나서 여유를 갖고 하나씩 정원의 비밀을 음미하다보면, 어느새 정원의 매력에 빠져들게 될 것이다.

참고로 한두 가지 개괄적인 정보를 더 제공하자면, 쇼몽 가든 페스티벌은 1992년에 처음 시작되었고, 전시회장의 기본 계획은 벨기에 조경가 자크 워츠Jacques Wirtz가 맡았다. 쇼몽 성에 딸려있던 3.5ha 규모의 농장부지를 각각 250㎡씩 30개의 소공간으로 구획해 놓았는데, 각각의 정원 부지는 나팔꽃 혹은 종 모양을 띠고 있다. 초기에는 개최기간이 6월부터 10월 중순이었는데, 이후에는 4월 하순부터 10월 중순까지 개최되고 있다. 전시되는 정원은 전년도 9월 중순까지 접수된 신청서를 토대로 심사위원회가 선정하고 있으며, 심사를 거쳐 출품된 작품 이외에 초대 작가의 정원과 초대 도시와 학교의 정원도 함께 선보인다. 정원의 조성 면적은 제안되는 설계안에 따라 부분적인 융통성을 갖기도 하지만, 정원을 조성하는 비용은 대략 12,000유로로 한정되어 있다.

다른 박람회나 전시회의 경우 개최되는 장소가 일정하지 않거나 전체적인 마스터플랜이나 프로그램에 따라 전시의 규모나 내용이 가변적인 반면, 쇼몽은 매년 일정한 형태의 대지 안에 정원이 구성되기 때문에 주변 환경 인자에 영향을 받지 않고 순수하게 작품에 집중해서 감상할 수 있다.

01

정원과의 교감

정원 감상에 앞서

1

프랑스 요리를 제대로 먹기 위해 메뉴판을 한번쯤 펼쳐본 경험이 있다면, 아마도 실제 나오는 음식의 종류에 비해 그 설명이 너무 번잡스럽다는 인상을 받은 적이 있을 것이다.

쇼몽에는 전시회장과 연계된 곳에 자그마한 레스토랑이 위치해 있다. 우측의 사진 옆에 있는 문구는 그곳에서 판매되고 있는 요리에 대한 설명인데, 마치 하나의 정원을 보는 듯한 느낌이 들기도 한다. 우선 요리의 이름부터 기이하다. 전채요리entree는 '살아있는 것을 먹자'라는 다소 당황스러운 표현으로 설명되어 있는데, 실제 음식을 보면 버섯과 모짜렐라치즈 그리고 양배추가 어우러져 마치 들판에서 비집고 올라오는 새싹과 같은 자연의 생명력을 연상시킨다. 그 다음 메인 요리plat의 하나는 '당근의 물감'이란 이름이 붙어 있는데, 조금의 과장을 보태서 설명하자면 마치 당근이 교목의 역할을 담당하여 생장하고 번식하고 도태되는 숲 천이 과정을 모형으로 연출해 놓은 듯하다.

기대했던 쇼몽을 드디어 다시 오게 되었구나 라는 감흥과 설렘 때문이었을까. 그때 문득 요리와 정원을 관련지어 생각하기 시작했다. 요리에서 가장 중요한 것은 무엇일까? 미각을 사로잡는 맛, 신선한 재료, 건강을 지켜주는 다양한 영양소, 아니면 보기 좋은 떡이 맛도 좋다고 했으니 풍미를 더해주는 장식일까? 그러다가 쇼몽의 레스토랑에서 만난 요리에는 어떤 주제가 있구나 라는 생각이 들었다. 그렇다면 정

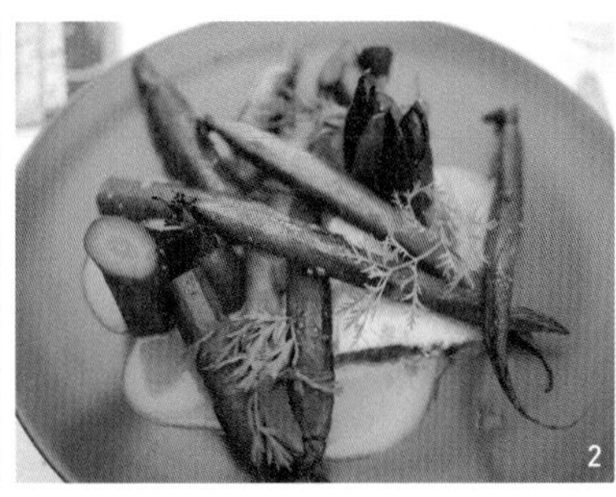

1. Entree ; manger du vivant
Champignons cuisiné â l'ail des ours, chou vert et mozzarelle 'maison', bouillon de thé Lapsang Crocodile à part

2. Plat ; Carotte "au jus"
Veau de lait élevé sous la mère au beurre noisette & poivre de Tasmanie, carrottes rôties parfumées au muscovado, jus de cuisson comme sauce

원에서 가장 중요한 것은? 아니 조금 질문을 바꿔서, 쇼몽의 정원을 감상할 때 가장 중요한 포인트는? 너무도 자연스럽게 해마다 새롭게 바뀌는 '주제'라는 생각이 떠올랐다. 여러 가지 재료와 쉐프의 손맛이 더해져 하나의 먹음직스러운 음식이 우리 앞에 차려지는 것처럼, 정원 역시 다양한 재료를 바탕으로 디자이너의 감각이 더해져 새로운 공간으로 우리 앞에 그 모습을 드러낸다. 그런데 쇼몽의 정원은 매년 주최측에서 제시하는 '주제'를 각 정원 디자이너들이 저마다의 스타일로 새롭게 재해석해 선보임으로써, 하나의 주제를 얼마나 독특한 방식으로 표현했는지를 비교해서 살펴볼 수 있는 부수적인 즐거움이 있다

(정원의 주제에 대해서는 2장에서 보다 자세히 들여다볼 예정이다).

그렇지만, 정원에서 주제가 중요하긴 하지만 전부는 분명히 아니다. 특히나 쇼몽의 정원들은 예외적인 것이 사실이다. 일반적인 정원 감상에서는 주제가 부차적인 것으로 치부되는 경우가 적지 않다는 이야기다. 그럼에도 독특한 이름이 붙은 쇼몽 레스토랑의 음식을 소개하며 정원의 주제를 강조한 것은, 정원을 감상할 때 하나의 핵심을 갖고 음미해보는 것이 감상의 즐거움을 배가시키리란 확신 때문이다. 예를 들어, 이 책에서 전면적으로 다루고 있는 쇼몽의 정원들은 작정作庭 의도가 때론 지나치게 주관적이고 작위적일 때도 있기에, 정원의 묘미를 제대로 맛보려면 단순히 오감에만 의존하기보다, 주제와 그에 따른 디자이너의 의도를 세밀히 헤아려보는 노력이 필요하다. 하지만 피에트 오돌프의 정원처럼 식재가 강조된 곳이라면 이야기는 또 달라질 것이다. 앙드레 르노트르의 베르사유 정원 역시 엄격한 대칭적 질서와 공간 구조가 주제보다 우선한다.

그렇다면 정원 감상을 위해 필요한 것들은 무엇이 있을까. 이번 첫 번째 장의 주 내용은 바로 이것이다. 미리 결론을 이야기하자면, 정원과의 교감이다. 정원이 하고자 하는 말에 마음을 활짝 열고 귀 기울이다 보면 분명 무엇인가 전해져 오는 것이 있을 것이다. 이제 천천히 정원 속으로 들어가 보자.

'움직이는 것(Mobiles)'이란 2007년 페스티벌의 주제에 맞춰 조성된 외부정원

채소의 섬_ Potager en l'île

정원의 '자연'스러움을 기억하라

우선 정원이 무엇인가에 대하여 생각해보자. 정원은 분명히 보편적인 자연의 모습과 유사하지만 그 존재에 대해서 어떻게 가치를 부여하느냐에 따라 다양한 시각으로 나뉜다. 인간의 간섭 여부를 기준으로, 즉 작정 의도에 따라 정원과 자연을 구분 짓기도 하고, 어떤 경우에는 조성되는 공간의 성격에 따라 판단하기도 하며, 때로는 만들어진 자연이 차지하는 영역의 범위를 근거로 정원이란 판단을 내리기도 한다. 혹자는 지구 환경 전체를 빗대어 인류의 정원이라 은유하기도 한다.

하지만, 분명한 것은 정원은 자연과는 다른 속성을 확실히 지니고 있다는 점이다. 무엇보다 정원은 사람들의 생활과 삶과 밀접한 관련을 갖고 있고, 삶의 가까운 영역에서 자연을 경험할 수 있는 공간이며, 생활의 무대이기도 하다. 그러나 정원=자연의 등식이 성립하지 않는다고 해서, 정원이 자연을 넘어서지도, 정원이 자연에 종속되는 것도 아니다. 즉 정원은 자연의 경험을 가능하게 하지만, 자연을 포함한 다양한 것들이 총체적으로 합쳐져서 새롭게 태어난 무언가의 총합이다. 인류는 그러한 정원이란 공간 속에서 생활과 연계된 무엇인가를 행하고 배우고 창조하는 과정을 거치면서 문화를 가꾸어 왔다.

한편, 정원은 2차원적인 프레임 속에 3차원적 공간을 담고 있으며 계절에 따라 자신만의 형태와 색채를 만들어가는 환경예술이기도 하다. 디자이너 혹은 이름 없는 작정자作庭者에 의해서 의도적으로 공간이 만들어지면 어느 순간부터 스스로 커나가기도 하지만, 사람들이 감상의 묘미와 흥미를 부여하기 위해 연출을 지속적으로 가미하기도 한다.

예를 들어, 어떤 정원 디자이너가 자연적인 야생 숲에서 이루어지는 천이의 양상을 정원에 도입하여, 정원이 스스로 자연의 힘을 바탕으로 변화해나갈 수 있도록 했다고 치자. 그렇다면 이 정원은 자연일까? 자연적 천이가 아무리 자연스럽게 이루어지더라도 분명 자연은 아니다. 그런데 재미있는 점은 이 정원이 디자이너의 의도대로만 유지되지도 않는다는 점이다. 인간의 의도를 넘어서는 자연의 힘이 이 정원에 작용하기 때문이다.

결국 이 모든 것이 정원의 특징이 된다. 정원은 화가가 그린 풍경화처럼 누군가가 원하는 모습으로 형태를 갖추지만, 때로는 스스로의 힘으로 변화하고 성장하기도 한다. 시간의 흐름 속에서 '자신만의 형태와 색채'를 스스로 '자연'스럽게 만들어가는 것이다.

정원의 이러한 매력은 정원 감상에 있어 중요한 바탕이 아닐 수 없다. 다른 예술 작품과 다른 정원만의 독특한 특징이기도 하고, 식물을 주인공으로 하는 정원 작품에 대한 이해는 결국 자연에서 비롯되기 때문이다. 본격적으로 정원을 감상하기에 앞서, 먼저 정원의 '자연'스러움을 기억해두자.

중요한 것은 공간의 크기가 아니다

이번엔 잠깐 개인적인 이야기를 해볼까 한다. 언젠가 우연히 화예를 배울 기회가 있었는데 정원 디자인과 꽤 유사한 점들이 많았다. 물론 기본적으로 화예는 정원 디자인과 달리 가지째 꺾은 절화를 위주로 아주 작은 수반이나 화병과 같은 용기에 구성한다는 차이점이 있지만, 그것을 제외하면 둘 사이의 다름 보다는 만들어가는 과정의 비슷함에 더 눈길이 많이 갔다.

화예를 하기 위한 준비 과정은 마치 정성스레 묵을 갈고 하얀 화선지를 눈앞에 펼쳐놓고 망설임에 휩싸이는 '서예'와 흡사한 긴장감을 갖게 하는데, 우선 나뭇가지의 흐름을 살피고 그들의 방향성을 관찰하고 꽃이 피는 가지의 경우 개화 이후의 형태를 예견하여 구성에 대한 고민을 하게 된다. 그 이후 꽃들의 표정과 색상 그리고 규모에 대한 조화를 생각하며 손과 마음의 움직임을 시작한다. 이때 물이 가득 찬 수반을 바라보고 있노라면, 마치 정원을 만들기 위해서 흙을 곱게 갈아 놓은 공간과 다를 바 없다는 생각이 절로 들곤 한다.

그래서 화예를 할 때면, 트레이싱 페이퍼 위에 연필을 굴리는 과정은 없지만, 하나의 정원 설계를 하는 기분을 느끼곤 하였다. 특히나 화예의 꽃의 배치 원리는 정원 설계의 간접 경험이자 좋은 스승이 되기도 하였다. 다루는 공간의 규모로만 보자면, 화예 → 정원 설계 → 조경 설계의 순이 되겠지만, 공간의 크기와는 상관없이 때론 정원 설계가 조경 설계의 훌륭한 스승이 되는 것처럼, 화예 역시 정원 설계에 좋은 가르침을 준다고 생각한 것이다.

정원을 정의할 때 흔히 '울타리로 둘러싸인 공간'이 그 특징으로 많이 거론된다. 또 대부분의 사람들은 정원을 주택정원 정도의 소규모로 인식하고 받아들이는 경우가 많다. 그렇지만 화예에서도 정원 설계에 필요한 디자인 감각을 배울 수 있는 것처럼, 정원 설계에서도 조경 설계를 비롯해 여러 조형 분야에 큰 도움이 되는 디자인 감각들을 익힐 수 있다. 이는 크기와 규모의 차이만 있을 뿐, 그 원리와 가치는 정원이 보다 근본적이기 때문이기도 하다.

정원에는 단순한 오감을 넘어서는 인간이 가진 모든 감각을 자극하는 다양한 요소들이 어우러져 있다. 또한 사용자의 의지만 있다면, 자연이 제공하는 다양한 혜택을 최대한 즐길 수 있다. 꽃과 향기, 색감이 주는 감흥, 나무의 수형이 전달하는 아름다움과 같은 직접적인 수혜는 물론이고, 자연의 미세한 기후인자에 의해 형성되는 정원의 총체적 분위기는 이용하는 이들이 자연과 대화하고 교감하는 것의 매력이 무엇인지를 깨닫게 해준다.

때문에 정원과의 친밀한 교감은 디자이너의 오감을 일깨우고, 공간을 다루는 설계가로서 갖추고 있어야 할 기본적인 감각과 감성에 더하여, 환경 디자인 혹은 공간 디자인의 원리와 공간 체험의 감흥이 어떤

1, 3 양자적 광상곡_ Rhapsodie quantique
2 3채의 오두막집_ 3 Cabanes
(출처: Jean-Paul PIGEAT, les jardins du futur, CIPJP, 2000, p.134)

것인지를 알게 해준다. 또한 휴먼 스케일의 인지 범위를 벗어나 좀처럼 구체적으로 상상할 수 없는 대규모 공간 설계에 대한 곤혹스러움에 직면했을 때, 이를 해결할 수 있는 실마리를 던져주기도 한다. 인간과 환경을 대상으로 한 설계를 행할 때 가장 중요한 것은 자연 혹은 주변 환경과 조화로운 디자인이며, 자연과 호흡하는 감성을 갖고 그것을 전달하기 위한 섬세한 배려가 우선되어야 하기 때문이다.

정원의 히스토리가 보는 즐거움을 키워준다

흔히 사람들이 가볼만한 곳으로 많이 추천하는 정원들은 아쉽게도 우리가 일상을 영위하는 삶의 공간과는 꽤 동떨어져 있는 곳들이 대부분이다. 이는 정원이 번창하게 된 역사적 배경과 사회적 특수성에 기인한다. 그렇지만 동 · 서양을 막론하고 인간이 머무를 수 있는 가장 이상적인 공간으로 정원을 손꼽고, 정원을 동경하며 그것을 즐기고자 하는 마음은 크게 다르지 않다.

그래서일까. 일반인들이 자주 찾는 유명 여행지 중에는 정원이 꽤 속해 있다. 또 정원을 찾아 떠나는 특화된 여행 패턴도 조금씩이나마 늘고 있는 것으로 보인다. 정원을 업으로 삼고 있는 사람들의 답사와는 다른, 순수 정원 애호가들의 정원 기행이 늘고 있다는 것이다. 이는 책의 맨 앞에서 강조한 직접 보는 것보다 좋은 정원 공부가 없다는 이야기와도 연관이 된다. 또 정원을 좋아하는 사람들과 이야기를 나누다 보면, 가장 큰 공통점 중의 하나가 여행을 좋아한다는 점인 것을 알게 된다. 어쩌면 여행을 좋아해서 이곳저곳을 다니다 좋은 정원을 많이 접하게 되어서 정원 애호가가 된 것일 수도 있다. 물론 그 반대로 정원을 직접 보고 싶은 마음에 여행을 다니기 시작한 경우도 있겠지만, 어찌되었건 정원 기행은 정원에 대한 안목과 감각을 높여주는 가장 좋은 교과서임에 틀림없다.

그렇다면, 정원 기행에 앞서 가장 신경 써야 할 것들은 무엇이 있을까? 너무도 당연한 이야기지만, 방문하고자 하는 정원 혹은 페스티벌의 성격을 파악하는 것이 가장 중요하다. 또 자신의 여유 시간에 맞추어 일정을 짜기보다, 조금 무리가 되더라도 그 정원의 매력을 제대로 맛볼 수 있는 최상의 계절에 답사를 떠나는 것이 중요하다. 물론 겨울의 정원도 그 나름의 매력이 크고, 여유가 있다면 계절마다 한 번씩 방문해보는 것도 좋지만, 현실적으로 그렇게 하기는 무척이나 어렵다. 한 번 뿐인 방문이라면 최상의 상태를 보는 것이 아무래도 좋지 않을까.

정원의 규모에 따라 적정 방문 시간을 할애하는 것도 꼭 염두에 두어야 한다. 단체 여행을 하게 되면, 한 곳당 길어야 2시간 남짓 밖에는 머물 수 없을 때가 많다. 결국 다녀왔다는 증명사진 밖에 찍지 못하는 꼴이 되고 마는 것이다. 하지만 정원을 제대로 감상하기 위해서는 눈으로 그 외형적 형태만 바라보아서는 안된다. 충분한 시간을 갖고 이용자의 입장에서 휴식도 취해보고, 작은 정원이라도 다양한 각도에서 바라보고, 최소한 하루 정도의 시간을 갖고 오전과 한낮, 오후의 정원이 어떻게 다른지를 느껴보려는 노력이 필요하다. 벤치나 퍼골라가 있

리토폰(돌들의 표면을 두드려 소리를 내는 타악기의 일종)_ Lithophone

기중기의 작용_ Réaction en chăne

다면 하나의 오브제처럼 쳐다보지만 말고, 얼마동안 시간을 갖고 그곳에 앉아서 주변에 눈길을 주는 것도 꼭 해보아야 한다. 간혹 디자인 입문자들은 벤치 디자인을 참고하기 위하여 벤치 앞에서 사진만 찍고 지나치는 경우도 있다. 그렇게 둘러보아서는, 왜 디자이너가 하필이면 그곳에 벤치를 설치했는지, 또 퍼골라를 배치했는지를 깨달을 수 없다. 똑같은 공간이라고 하더라도, 벤치를 바라보는 시선과 벤치에서 바라보는 시선에는 정말 상당히 큰 차이가 있다. 또 전망대와 같은 시설물들도 마찬가지다. 바라보는 위치와 눈높이에 따라서 공간이 얼마나 다르게 느껴질 수 있는지, 어쩌면 바로 거기에 공간 디자인의 매력이 담겨있는 것일 수도 있다. 그래서 답사를 떠나는 분들에게, 아무리 촉박한 답사 일정이라고 하더라도 발걸음의 감촉을 느끼며 정원이 선사하는 풍취를 맛보면서 정원과 조금이라도 교감할 수 있는 시간을 꼭 가져보길 권하고 있다. 나아가 정원이 자리하고 있는 주변의 맥락에 대한 관심도 정원 감상의 즐거움을 배가시켜 준다. 이 땅은 어떤 역사적 성격과 배경을 갖고 있는 곳인지, 이 장소가 갖고 있는 자연적 특징은 무엇인지, 이 정원은 어느 시대에 어떤 배경 하에 지금의 정원으로 만들어졌는지, 이곳에 담겨 있는 설계 의도는 무엇인지 등등과 같은 정원을 둘러싼 히스토리는 정원을 보는 눈을 조금 더 밝게 해줄 것이다. 특히 가든 페스티벌이나 플라워 쇼, 정원 박람회 등은 그 탄생 배경과 개최 의도를 뚜렷하게 파악하고 갈수록 얻는 것이 보다 많아진다. 쇼몽처럼 별스러운 정원들이 전시되는 경우는 말할 것도 없다.

주변 환경과 배경도 정원의 한 부분이다

현대에 접어들어 정원은 무척 다양한 방식으로 표현되고 있다. 정원의 영역이 점차 확장되고 있고, 정원을 향유하는 사회적 범위 또한 확대되었기 때문이다. 주택이나 제한된 영역의 갇혀진 공간 내에서 아름다움을 추구하며 이상적인 파라다이스를 만들고자 했던 과거의 모습과는 사뭇 다른 양상이다. 이제 정원은 외부와 적극적으로 교감하며 환경의 일부로 동화되기 시작하였고, 정원 디자이너들 역시 이렇게 달라진 시대적 추세에 따라 대상지마다 각기 다른 접근법을 가지고 새로운 도전을 적극적으로 시도하고 있다.

물론 엄밀히 이야기하자면 아주 오래전부터 그리고 시대적 구분의 의미가 모호하지만 과거의 정원들 또한 환경과 교감하며 대상지 주변의 영향을 충분히 반영해온 것 또한 사실이다. 그렇지만 정원을 단순히 앞뜰에 펼쳐진 장식적인 오브제로 인지하거나 주변과 관련성을 갖지 않는 독립적인 자연 공간으로 바라보는 시각 또한 존재했었기에,

그러한 시각이 현대에 이르러 대폭 수정되고 있다는 의미로 이야기를 꺼내본 것이다.

정원의 배경과 환경에는 시각적이며 실제적으로 깊은 관련성을 갖고 있는 물리적 환경이 주를 이루고 있지만, 그에 못지않게 정원의 작정 의도에 따른 심리적 환경과 쉽게 인지되지는 않지만 그 공간에 스며있는 역사적 기억 또한 그 정원의 주요한 배경으로 간주해야 한다.

'쇼몽 성'의 경우를 예로 들어보자. 1900년대까지 성곽을 제외한 주변부는 루아르 강이 내려다보이는 언덕 위의 장소로만 인지되었다. 그 후 한동안 버려졌던 이 장소는 새로운 정원으로 변화하였는데, 그 과정을 통해 성곽 및 그 주변의 영역들이 기존의 역사적 기억들과 새로 추가된 공간적 특질을 받아들이면서 또 거기에 시간의 켜가 쌓여가면서 독특한 공간적 정체성을 형성해나가기 시작했다. 즉 쇼몽 성만의 고유한 장소적 의미가 형성된 것이다. 그리하여 오늘날 쇼몽 성 일대의 모습은 정원 혹은 성곽을 이분법적으로 구분지어 이야기할 수 없을 정도가 되었으며 서로가 각각 주제로 보이기도 하며 배경으로도 인지되는 총체적 경관을 보여주고 있다. 과거의 것들을 백지로 밀어버리지 않고, 새로운 정원을 땅이 가지고 있던 과거의 기억과 절묘하게 결합시키고자 노력했기 때문이다.

이처럼 정원 디자인을 비롯해서 대지를 바탕으로 한 설계 행위는 반드시 '만들기'에 집중하기 이전에, 대상지의 과거와 그 주변을 둘러싸고 있는 맥락과 환경에 대한 고려에서부터 출발해야 한다.

1 쇼몽 성과 박람회장으로 오르는 진입 산책로
2 전망공간으로 활용되는 T. Kawamata의 작품 "루아르 강을 향한 곳"
_ Promontoire sur la Loire
3 성곽의 정원에 설치된 Rainer Gross의 작품 "공원의 지붕"_ Toit à parc

이는 정원 감상자의 입장에서도 다르지 않다. 누군가 정원을 감상하고자 한다면 우선 그 정원이 위치한 땅이 어떠한 장소성을 갖고 있으며 그 배경에는 어떤 상황들이 놓여있는지를 먼저 살펴보려는 노력이 필요하다. 특히나 역사적으로 의미 있는 정원이라면 더더욱 그러한 과정이 긴요하다. 그리고 설계자에 의해서 그 땅의 장소성이 어떻게 반영되었는지, 어떠한 방식으로 주변의 맥락이 표현되어 있는지를 들여다본다면 정원 감상의 깊이가 배가 될 것이다.

혹 장소성에 대한 실마리가 전무한 아주 생소한 공간이라고 하더라도, 곧바로 정원에 시선을 집중시키기보다, 정원 주변 환경을 먼저 찬찬히 둘러보고 주변과의 관계성을 바탕으로 정원에 접근해보는 것이 좋다. 즉, 정원이 그 외연부의 경관과 어떠한 유사성이 있는지 혹은 연계성을 가지고 있는지, 아니면 시각적으로 차단되어 있는지, 무엇을 수용하고 어떤 요소들을 배척하고 있는지, 정원 내외부의 관계는 어떠한지를 먼저 살펴보자는 것이다. 정원을 둘러싸고 있는 환경에 대한 세심한 관찰과 주변에 대한 관심은 낯선 땅을 이해하고 친근하게 인식하는데 도움을 줄 것이고, 정원이 조성되면서 만들어지거나 덧입혀진 '영역' 혹은 '장소'의 의미를 새롭게 이해하는 즐거움을 선사해줄 것이다.

정원은 연속된 경관 속에서 섬처럼 홀로 떨어져 독립적으로 존재하는 이방인이 아니라, 경관과 환경 속에 녹아들어가 하나로 동화되는 삶의 공간의 일부이다. 때문에 정원이 위치해 있는 주변 환경과 배경은 정원의 일부이고, 동시에 정원은 그 환경과 배경의 일부이다.

자연의 힘과 시간의 변화를 상상하자

수업시간에 학생들로부터 자주 받는 질문 중의 하나는, 마스터플랜을 그리며 설계하였을 때 상상했던 수목의 모습이 실제 외부공간에서 재현되었을 때와는 그 느낌이 무척 상이하다는 것이다. 그도 그럴 것이 계획 단계에서 염두에 두고 식재설계를 하는 수목은 항상 그 수종이 어느 정도 성장한 시점을 기준으로 하기 때문에, 실제로 갓 이식한 수목에서 그러한 느낌을 받는 것은 불가능하다. 건축과 상당히 다른 조경만의 특징이 아닐 수 없다.

결국 이 이야기는 자연의 '시간성' 문제로 이어지는데, 자연은 항상 변화하고 움직이며 성장하거나 소멸하는 특징을 갖고 있고, 조경과 정원은 그 자연의 시간성이 최대 무기이자 약점이다. 정원 조성 공사가 막 끝난 시점에서 풍성한 정원 풍경을 기대하는 건축주를 상대할 경우에는 약점이 될 수밖에 없고, 변화와 성장을 즐기는 이들에게는 더할 나위 없는 무기가 되는 것이다.

어쨌든 정원은 자연을 기반으로 하고 있기에, 정원 디자이너는 무엇보다 자연의 힘을 세심하게 헤아리고 시간의 변화를 정원에 반영할 수 있어야 한다. 당연히 기본적으로 정원에 도입된 수종의 성상이나 고유한 특성에 대한 지식을 바탕으로 공사 직후가 아니라 몇 년 후 몇

강을 향한 휴게 공간

식물의 벽_ Murs végétaux

단일적으로 독특한 것_ Monospécifique

십 년 후의 모습을 순차적으로 상상할 수 있어야 한다. 정원 감상자 역시 마찬가지로 눈 앞에 펼쳐진 모습만을 감상하기보다, 이 정원이 어떤 과정을 거쳐 지금의 모습에 이르렀는지를 상상할 수 있다면, 정원 감상의 즐거움은 보다 풍성해질 것이다.

한편, 앞서도 잠깐 언급했듯이 정원 페스티벌은 일정 기간 동안 한시적으로 전시가 이루어지는 특성 때문에 자연의 변화와 성장을 감상하기에는 태생적으로 한계가 있다. 때문에 전시 정원에 식재되는 교목은 공간의 골격을 만들어주는 뼈대와 같은 역할을 담당하거나, 정원의 주제와 관련된 느낌을 전달하기 위한 배경으로 등장하거나, 의인화된 요소로서 상징적 의미를 전달하는 경우가 대부분이다.

평소 정원 페스티벌에 관심을 가지고 있었다면, 개최되는 시기를 한번 상기해보자. 정원 관련 축제는 꽃이 한창 개화하기 시작하는 4월부터 가을의 끝 무렵인 10월에 끝나는 경우가 대부분이다. 태국이나 중국의 곤명처럼 연중 푸르른 아열대 몬순기후 지역은 예외가 있긴 하지만, 가장 효율적으로 시간적 변화를 느낄 수 있는 '꽃'의 계절성에 주목하여 페스티벌의 개최 시기가 결정되는 것이다. 이것은 역으로 정원 페스티벌의 주요한 관찰 혹은 감상 인자가 식물 소재임을 의미하는 것이며, 일반 대중의 호기심을 끌거나 작품의 주제를 전달하기 위하여 많은 디자이너들이 식물에 의존하고 있음을 대변한다.

그러므로 자연의 계절적 특성과 시간성을 파악하여 설계하고 감상하는 것이 정원을 만드는 이나 감상하는 이들에게 가장 중요한 기본 원칙임을 꼭 기억하도록 하자.

현대 정원의 경우, 목재 데크를 비롯해서 시설물의 비중이 갈수록 커지고 있는 것이 사실이긴 하지만, 정원의 감성을 전달하는 주된 요소는 여전히 다양한 초화류와 지피식물 등 식물이 그 주인공이며, 아무리 그 의미가 퇴색되어간다고 하더라도 궁극적으로 정원에서 인간과 교감을 나누는 것은 자연이다.

디자인에 대한 발상의 근원지를 파악하자

디자인이 태어나게 된 발상의 근원지를 이해하자는 말은 쉽게 풀어서 이야기하면 '컨셉' 혹은 '구상', '디자인 철학'을 발견하는 행위를 일컫는다. 모든 디자인의 결과물이 그러하듯이 정원 디자인 또한 그 작품이 완성되기까지 바탕이 되는 사고의 기조가 존재하며, 영감을 불러일으킨 배경 또한 있기 마련이다. 때로는 디자이너의 주관적 논리를 객관적이며 보편적으로 나타내기 위하여 일종의 '스토리텔링'과 같은 형식을 빌려 표현하기도 하는데 그것을 파악하는 것이야말로 예술적 향취를 가진 정원을 감상하는 진정한 묘미가 아닐까 싶다.

특히 쇼몽 페스티벌에서 접하게 되는 작품들은 확실히 우리가 일상에서 만나는 정원들과는 확연히 다른 모습을 하고 있기에, 그 감상 또한 보편적인 정원 혹은 자연을 바라보는 것과는 달라야 한다.

'쇼몽'에 소개된 정원들을 발상의 유형으로 구분해서 살펴보면 여러 가지 경우로 나뉨을 알 수 있다. 한 가지 예를 살펴보면 전통적인 정원 유형을 바탕으로 하는 경우, 의미를 재해석하거나 전통적 모습에 또 다른 디자인의 층위를 더하여 좀 더 확장된 의미의 전개를 유도한다. 즉 어떤 '스타일'을 특징적으로 내세워서 정원을 구성하고자 할 때나 정원에 이국적 정서를 불어넣고자 할 때는 과거에 한 시대를 풍미했던 '정원의 양식'이나 '지리적 특성'에 따른 특이한 대표 경관들을 도입하여 정원의 골격을 형성한 후, 그것을 바탕으로 설계자만의 독창성을 만들어 가는 것이다.

일례로 '동양적인 정원le jardin oriental'은 이슬람 정원의 모습에서 출발하였는데, 공간을 구획하는 십자형 수로와 다양한 문양으로 장식된 수반의 기둥들이 물의 효용가치를 소중히 다루는 정원의 원형을 보여주고 있다. 그것에 흥미를 더하여 작가는 투시도 기법과 같은 시각 구조 속에 조각난 석재들의 자유분방한 모습을 담아 '물 수제비를 던지자Ricochets'라는 1998년 페스티벌의 주제를 색다른 방식으로 표현하고 있다.

이와 관련 있는 또 하나의 사례로는 '물의 트라이앵글le triangle d'eau'을 들 수 있는데, 이 작품은 작가의 태생으로부터 그 의미를 찾을 수 있다. 환경미술가인 타하라Keiichi Tahara는 교토에서 성장하였는데 정원에 대한 발상을 일본의 고산수 정원으로부터 시작하여 정원이 조성되는 루

1 동양적인 정원_ le jardin oriental
2 물 수제비를 던지자_ Ricochets
3 물의 트라이앵글_ le triangle d'eau

1 방랑자의 정원_ Jardin nomade
2 회기되는 모든 것_ A tous ceux qui révent encore

아르 강의 수변 경관과 조화로운 디자인을 선보였다.

발상의 전개와 관련하여 또 다른 유형으로는 구상적 모티브를 추상적으로 해석하거나 혹은 추상적이며 주관적 심상들을 구체화하여 표현한 작품들을 들 수 있다. '방랑자의 정원Jardin nomade'은 그 의미를 해바라기로부터 찾고자 하였다. 잘 알려져 있듯이 해바라기는 이름 그대로 해를 무척이나 좋아하는 식물이다. 태양을 향해 고개를 들고 낮 동안 태양을 따라가는 습성을 지니고 있는데 이러한 해바라기의 특성을 방랑자의 습성과 연관시키고자, 작가는 태양광을 가장 잘 받아들이는 집적렌즈를 정원의 중간에 배치하였고 수많은 해바라기 군락들이 주변을 에워싸고 있는 형태를 선보였다. 이처럼 정원의 작정 의도와 밀접한 연관이 있는 발상의 근원을 추적하고 살펴보면, 해바라기와 같은 구체적인 모티브가 어떻게 방랑자의 이미지와 연관이 되는지, 그를 통해서 작가가 무엇을 전하고자 했는지를 엿볼 수 있다.

한편 '물 수제비를 던지자Ricochets'라는 작품은 1998년도의 가든 페스티벌 주제와 동일한 이름으로 출품되었는데, 물 수제비를 던졌을 때의 모습을 정원에서 시각적으로 형상화하여 감상자들의 흥미를 끌었다.

주제를 표현하기 위한 디자인 모티브를 설정할 때 가장 손쉽게 활용하는 것 중의 하나는 특정한 자연현상에 대한 해석과 재현을 꼽을 수 있다. 쉽게는 자연의 물리적 요소를 직접 적용하는 것이 될 수도 있고,

조금 더 차원을 높이자면 자연현상에 대한 보편적인 체험을 주관적으로 해석하여 설계하는 공간에서 느낄 수 있게 하거나, 특정 단어의 의미로부터 추출한 이미지를 토대로 정원을 구성하는 것이 될 수도 있다.

'회기되는 모든 것A tous ceux qui révent encore'은 '카오스chaos'의 의미를 표현한 작품인데, 정원에서의 카오스가 혼돈과 무질서를 야기시키는 지진에서 비롯된 것으로 설정하였다. '지진이 발생하여 대지가 요동치고 모든 사물이 혼돈에 빠졌을 때 과연 정원의 요소들은 어떤 표정을 하고 있을까'라는 생각과 '카오스라는 단어로 정원을 만든다면 어떻게 표현할 수 있을까'라는 발상이 어떻게 정원으로 구체화 되었는지를 엿볼 수 있다.

그 이외에도 우리에게 보편적으로 알려진 그림이나 소설들을 디자인의 모티브로 이용하는 경우도 적지 않다. 소설을 인용하는 경우는 좀 더 설계를 논리적으로 풀어나가기 위해서, 그림을 끌어들이는 경우는 정원의 전체적인 구도를 잡기 위해서 도입할 때가 많다. 물론 '모네의 시선L'oeil de Claude Monet'(2장 76쪽 사진 참조)처럼 특정한 그림이 갖고 있는 뉘앙스를 정원에 반영하기 위하여 발상의 모티브로 활용하는 경우도 있다.

기대하는 행위들을 상상하라

정원을 만들었을 때 감상을 유발하게 하며 작가들이 기대하는 가장 실

오카 놀이_ Le jeu d'Oca

질적인 이야기이다. 정원에서 일반적으로 우리가 취하곤 하는 행위는 산책, 휴식, 경작, 놀이 그리고 옥내공간의 연장선상에서 벌어지는 일련의 활동들이다.

그렇다면 정원 페스티벌에 전시되는 소위 '예술정원'에서 기대하는 행위는 무엇일까. 이는 앞서 이야기한 '디자인에 영향을 준 생각들과 발상의 기초'와도 관련을 가지는데, 설계가들은 일반적으로 우리가 정원에서 기대할 수 있는 보편적인 행위를 기능적으로 충족시키기를 우선 희망할 것이다. 그 이후에 자신들의 작정 의도를 보여주기 위한 '감상' 혹은 '체험'의 효과를 연출하고자 색다른 공간을 구상한다. 이러한 공간들은 산책을 통하여 경험할 수도 있고, 흥미로운 놀이나 체험을 통하여 색다른 감상과 휴식을 유도하기도 한다. 때론 기대하지 못하거나 의외성이 넘치는 동시다발적인 제 3의 체험을 경험하게도 한다.

'정원에서 놀기Jouer au jardin'라는 주제로 열린 2006년도의 페스티벌에 출품된 '오카 놀이Le jeu d'Oca'라는 작품을 살펴보면 관객의 행위에 의하여 정원이 완성되는 흥미를 느낄 수 있다. '오카 놀이'는 고대 이집트에서 유래된 주사위놀이를 일컫는 말이다. 인생에서 누구나 직면할 수 있는 '위험', '모험', '기쁨', '발전'과 같은 상황들을 정원의 시간에서 즐기도록 하는 것이 주요한 설계 의도이다. 이러한 스토리텔링에 의한 정원 감상의 묘미는 정원 초입부의 주사위 판에서부터 시작되는 체험의 참여로부터 시작된다. 1번을 지나 2번 칸에 도달하게 되면 숫자의 조합에 따라 '당신이 만약 남자이면 8번 칸까지 전진하시오'라는 요구가 주어지기도 하고, '당신의 나이를 더하여 합의 숫자를 만들고, 그 합에 해당하는 칸으로 전진하시오. 예를 들어 12살이면(1+2=3) 3번 칸으로, 68살이면(6+8=14, 1+4=5) 5번 칸으로 전진하시오' 같은 이야기가 전개되기도 한다. 그러므로 이곳에서 정원의 역할은 각각의 이야깃거리에 따라 숫자에 의한 운세를 설명하는 놀이와 유희의 공간이며 그 내용에 적합한 식물과 시설물들이 설치되어 있는 옥외 휴게공간이다.

가든 페스티벌을 찾은 이들이 이곳에서 기대하는 것은 보편적이고 일반적인 정원에서 맛볼 수 있는 기능의 해결이라든가 단순한 자연의 감상 차원을 벗어난 차별화이자 일상에서 발견하기 어려운 색다른 차원의 경험이다. 또한 실험적이고 도전적인 페스티벌의 작품들은 정원을 감상하는 일반인들뿐만 아니라, 설계의 영역에 종사하는 이들에게 새로운 사고 전환과 그를 바탕으로 한 디자인 기법과 새로운 재료의 활용을 종합적으로 고민하게 하는 숙제를 떠안겨준다. 어쩌면 이것이 수많은 사람들이 '쇼몽'을 찾는 이유이며, 현재까지도 페스티벌의 중요성이 줄어들지 않는 까닭일 것이다.

02

주제의 이해와 표현

정원의
표정
읽기

1

매년 다른 주제가 주어지는 쇼몽 가든 페스티벌

쇼몽 가든 페스티벌의 출품작이 전시되는 개별 필지는 총 30곳으로 개별 전시 구역은 나팔꽃 모양으로 생겼다. 이 30개의 개별 필지는 마치 포도 줄기처럼 서로 연결되어 있는데, 너도밤나무와 서어나무가 밀식된 울타리로 주변과 확실히 구분되어 있다. 전시 구역의 개별 면적은 약 240㎡으로 일반적인 주택 정원의 평균 면적을 감안하여 결정되었다.

페스티벌이 처음 시작된 1992년 이래 매년 전시회의 새로운 주제*

* 1992년부터 2011년까지의 주제는 다음과 같다. 1992, 즐거움(Le plaisir) / 1993, 위기에 대한 상상(L'imagination dans la crise) / 1994, 순화(Acclimatations) / 1995, 호기심의 정원(Jardin de curiosité) / 1996, 기술은 시적인 관점에서 올바른 것인가?(La technique est-elle poétiquement correcte?) / 1997, 물 뿐이다, 물 뿐이다(Que d'eau, que d'eau) / 1998, 물수제비를 던지자(Ricochets) / 1999, 채소밭 밖에는 없다(Rien que des potagers) / 2000, 자유!(Libres!) / 2001, 모자이크 문화와 동행(Mosaïculture et compagnie) / 2002, 정원에서의 에로티시즘(L'érotisme au jardin) / 2003, 잡초!(Mauvaise herbe!) / 2004, 카오스 만세! 정원에서의 정돈과 혼란(Vive le chaos! Ordre et désorde au jardin) / 2005, 정원에 대한 기억(Les jardins ont de la mémoire) / 2006, 정원에서 놀기(Jouer au jardin) / 2007, 모빌!(Mobiles!) / 2008, 정원들에서 나누어가지는 몫(Des Jardins en partage) / 2009, 정원의 색깔(Jardins de couleur) / 2010, 정원 '육체와 영혼'(Jardins 'corps et âme') / 2011, 미래의 정원 혹은 적절한 생물다양성 속의 예술(Jardins D'Avenir ou l'art de la biodiversité heureuse)

쇼몽 박람회장 전경
(Le Conservatoire International des
Jardins de Chaumont-sur-Loire 제공)

내부관람로 전경

가 제시되고 있고, 국제공모를 통하여 최종 전시 정원을 선정하고 있다. 한 해에 응모되는 작품 수는 대략 300여 점에 달하며 방문자 수는 150,000명을 넘어선다.

매년 특정한 주제를 제시하는 것은 쇼몽만의 특징이라고 할 수 있는데, 정원박람회에서 흔히 엿보이는 무제한적 다양성을 조절하는 하나의 방법이기도 하다. 또한 이러한 특정 주제 제시는 표현의 자유를 제한하기보다 오히려 더 많은 아이디어를 유도하는 순기능을 발휘하고 있는데, 참여 작가들이 정해진 주제를 표현하기 위해 다양한 기술개발과 실험적 재료의 활용에 더욱 적극적이기 때문이다. 또한 식물소재들의 다양한 적용과 응용의 폭도 커지고 있다. 앞에서도 이야기했듯이 이러한 쇼몽만의 특징에 대하여 그들은 공공연하게 이렇게 이야기하고 있다. "오십시오! 그리고 우리들의 아이디어를 훔쳐가세요venez piquer nos idées." 이 외침이 '쇼몽'의 성격과 목적을 단적으로 대변해준다.

때문에 국제공모를 통해 선정된 작가들이 과연 그해의 전시 주제를 어떻게 해석하여 정원을 만들었는지, 그 작정 의도를 살펴보는 것은 쇼몽 가든 페스티벌을 보다 흥미롭게 즐길 수 있는 중요한 감상 포인트가 된다. 또한 정원 디자인과 직접적으로 관련된 일을 하는 전문가들에게는 하나의 주제에 대한 다양한 표현 방식을 엿보는 것만으로도 정원의 구상과 실현에 큰 도움을 준다.

매년 출간되는 전시도록을 통하여 작가와 작품에 대해 이해하고 주제를 어떻게 구체화시켰는지 살펴본 후 정원을 감상하는 것도 좋은 방법이지만, 배경 지식 없이 개별 정원들의 작품명을 통해 작품의 의미를 추적해보는 것도 정원 감상의 또 다른 즐거움이 될 수 있다.

하나의 주제에 대한 다양한 해석

페스티벌에 출품된 정원들은 치열한 국제공모를 거치고 선정된 작품답게 공통적으로 예술성과 독창성이 무척 뛰어나다. 마치 평범하거나 보편적인 모습으로는 무대에 등장할 수 없다는 듯 한껏 자신만의 개성으로 무장한 작품들은 어느 정도 이벤트적 속성이 있는 페스티벌의 특성을 여실히 드러낸다.

1 그림자와 우산_ Ombres et Ombelles
2 인도의 노래_ India Song
3 불 이야기_ Fire stories
4 넝쿨성 식물로 구성된 보호소_ L'abri des plantes grimp'tentes
5 숲속의 탁자_ Forest table

1

2

1. 이탈리아인들의 토피어리 _ Topiaires à l'italienne

2. 하늘 사이_ Entre ciel

1992년 이래 제시된 주제들의 경향을 살펴보면, 정원에서 흔히 맛볼 수 있는 보편적인 감성을 재발견하거나 자연의 다양한 현상에 대한 감성적 접근을 유도하는 것부터 정원에 내재되어 있는 심미적 가치를 예술 또는 다른 문화와 접목시키도록 이끄는 것까지 그 층위가 무척 다양하다. 특히 그 시기에 사회적으로 이슈가 되고 있는 문제들이나 현대 사회가 직면하고 있는 지구 환경에 대한 위기의식 등 대사회적인 주제들도 빈번하게 등장하고 있다. 아울러 새로운 정원 트렌드를 주도하는 주제들도 심심치 않게 등장하여 정원의 미래를 선도하고자 하는 의지도 엿볼 수 있다.

하지만 여러 층위를 갖고 있는 페스티벌의 주제가 아무리 다양하게 변화해왔다고 하더라도, 방문객들이 직접 감상할 수 있는 것은 그 해의 주제에 따라 조성된 30여개의 작품뿐이다. 매년 쇼몽을 방문하는 애호가라면 주제의 변천사를 엿보는 것도 흥미로운 일이지만, 그렇지 않은 이들에게는 그 해에 주어진 하나의 주제를 여러 작가들이 어떤 방식으로 해석해냈는지를 살펴보며 동일한 주제에 대한 각기 다른 접근법을 살펴보는 것이 큰 즐거움이 된다. 만약 자유 주제였다면 다양한 스타일의 정원을 엿보는 것이 감상의 주 포인트가 되겠지만, 쇼몽은 하나의 주제가 주어지는 특징이 있기에 다른 감상법이 요구되는 것이다.

그래서 여기서는 먼저 주제의 해석에 대한 몇 가지 사례를 살펴보도록 하겠다. 보다 쉬운 이해를 돕기 위하여, 전체 주제에 대한 철학적 해석이 화두로 대두되었던 2004년의 작품들과, 정원에 대한 작정자의 주관적 경험이 공간에 연출되어 감상자들로 하여금 동일화된 감성을 맛보도록 유도한 2005년의 사례, 그리고 미래의 환경에 적응하는 정원의 모습을 예측하며 이와 비교되는 원생자연에 대한 환기를 이끌고자 시도하였던 2011년의 사례를 대상으로 하였다.

2004년의 주제는 '카오스 만세! 정원에서의 정돈과 혼란 Vive le chaos! Ordre et désorde au jardin'이었다. 작품을 감상하기에 앞서 우선 '카오스'라는 의미에 대한 보편적인 생각들을 떠올려 보자.

'카오스'에 대한 사전적 의미는 "겉으로 보기에는 불안정하고 불규칙적으로 보이면서도 나름대로 질서와 규칙성을 지니고 있는 현상"을 뜻하기도 하고, "작은 변화가 예측할 수 없는 엄청난 결과를 낳는 것처럼 안정적으로 보이면서도 안정적이지 않고, 안정적이지 않은 것처럼 보이면서도 안정적인 여러 현상"을 의미하기도 한다. 그렇다면 이러한 카오스의 의미와 연계된 '정원에서의 정돈과 혼란'이라는 주제를 참여작가들은 어떻게 해석하고 표현했을까? 본격적으로 전시 작품을 둘러보기 전에 스스로 어떻게 했을까 한번쯤 생각해보는 것도 정원 감상의 흥미를 높여줄 것이다.

필자의 단편적인 시각으로 다분히 주관적으로 이해한 부분도 있을 수 있지만, 2004년도 출품작을 디자인한 작가들은 카오스의 의미를 형태적으로 정렬되어 있는 것과 흐트러진 것의 대비를 통해 나타낸 경우가 적지 않았다. 또 몇몇 작가들은 카오스로 인해 일상 환경에 생긴 충격과 균열, 그에 따른 비현실적 모습을 묘사하기도 하였다. 우리 주변의 일상적인 모습에서 쉽게 엿볼 수 있는 정렬된 형태들과 함께 대조적인 흐트러진 모습들을 병치시킴으로써 카오스라는 주제를 표현하고자 한 것이다.

이처럼 관람객들은 상당수의 정원에서 자연스러움과 대조를 이루는 비일상적인 요소들을 엿볼 수 있었고, 반듯하게 정렬된 요소들과 의도적으로 정렬되지 않은 것 사이의 대비를 통해 주제가 표출되고 있음을 확인할 수 있었다.

1 미카도 놀이_ Mikado
2 질서정연으로부터_ Dés/ordonnance
3 나비_ Butterfly

만화경_ Kaléidoscope

아가멤논의 불행_ la Malédiction d'Agamemnon

일례로 이탈리아 작가들이 조성한 '만화경Kaléidoscope'은 정원의 모습을 다각적 측면에서 또 다양한 시선으로 감상해야 한다는 의미를 표현하고자, 카오스에 의한 지각변동과 그에 의한 움직임과 방향성의 변화를 정원 구성에 끌어들였다. 정원의 중심 부분을 차지하고 있는 화단들 중 하나의 흐름은 상승의 움직임을 표현하고 있고, 다른 하나의 흐름은 하강의 기운을 나타내고 있다. 이 정원에는 정형과 비정형, 정렬과 비정렬이 공존하고 있으며, 재료의 활용과 구성 또한 두 가지의 상반된 이미지를 전달하기 위하여 서로 대비되는 자연적인 것과 인위적인 것이 혼성적으로 도입되었다.

작품 '아가멤논의 불행la Malédiction d'Agamemnon'은 카오스의 주제를 도형적 모티브로 풀어가고 있다. 언뜻 보면 공간 구성의 주요 요소로 무수히 많은 원이 사용된 것처럼 보이지만, 실제로 자세히 관찰해보면 어느 곳에서도 원의 완결된 모습은 찾을 수 없다. 어지럽게 널려진 곡선 형태들의 카오스가 감상자들에게 원의 반복이라는 여운을 은연중에 안겨주고 있지만, 완벽한 형태의 원은 존재하지 않는 역설이 '카오스'를 떠올리게 한다. 이 작품은 유사 패턴이 여러 층위에서 다각도로 활용되어 정원 공간이 마치 3차원 이상으로 느껴지는 묘한 매력이 있으며, 수평과 수직적 요소의 교차를 통해 공간의 깊이감이 한층 강화되었다.

2005년의 주제는 '정원에 대한 기억Les jardins ont de la mémoire'이었다. 이 주제에 대해 주최측에서는 다음과 같은 의미를 담고자 하였다는 설명을 덧붙였다. "정원은 곧 지구의 기억을 표현하는 장소이다. 그리고 여기에서는 미래를 위한 실험이 이루어지고 그것을 증명할 수 있는 공간으로 의미를 가져야 한다."

이러한 의미가 바탕에 깔려있는 '정원에 대한 기억'이란 주제를 받게 된 작가들은 대체로 다음과 같은 경향의 작품들을 선보였다. 우선 어린 시절의 추억을 모티브로 정원 디자인을 발전시킨 경우이다. 이 유형의 작가들은 일반적으로 유희 장소로 인식되는 공간들을 단순히 원래의 목적대로만 바라보지 않고 인간의 성장과 사회의 변화를 은유적으로 나타내는 장치로 활용하여 정원에 대한 기억을 색다른 방식으로 표현하였다. 다음으로는 과거의 사건이나 특정 인물에 대한 향수와 찬양을 모티브로 활용한 경우가 있고, 그밖에 버려진 자연이나 기억 속에서 사라져가는 공간 혹은 폐허에 대한 예술적 회귀를 정원 예술로 표현하고자 하는 경우들이 있다.

이처럼 어린 시절의 추억이나 특정 사건 혹은 인물을 모티브로 하는 정원을 제대로 이해하기 위해서는 마치 소설의 구조를 파헤치듯 전체 줄거리를 엮어나가는 주인공을 찾는 것이 필요한데, 그것이 무엇이든 기억을 간직하는 주체가 존재하여야 다음의 스토리텔링이 이어지기 때문에 정원 감상자들은 그들의 상관관계를 파악하며 정원에 담겨 있는 내러티브를 읽어낼 필요가 있다. 물론 그 주체는 행위나 경험을 수행한 사람일 수도 있고 의인화된 사물이거나 혹은 어느 사건이나 사실의 키워드가 될 수도 있다. 때문에 주체가 중요하다기보다 스토리를 파악하는 하나의 관점을 찾는 것이 중요하다고 할 수 있다.

작품 '실내의 방 Chambre intérieure'은 정원 속에 또 정원이 있고, 그 정원 안에 또 다른 정원이 있는 듯한 공간 구성을 취하고 있다. 마치 인형 속에 또 다른 작은 인형이 들어있는 러시아의 마트로시카 인형 놀이를 연상케 하는 작품인 것이다. 긴 수조는 시간을 거슬러 올라가 정원의 기억을 열어주는 하나의 통로 역할을 담당하며, 수면에 비친 침상의 투영은 고요한 성곽을 연상시키는데 작가는 기억 속에 위치한 실내의 방과 같은 정원에서 조용한 휴식을 취할 수 있는 정신적 안식처를 표현하고 있다.

또 다른 작품 '그것이 진실이 아니라는 것을 알고 있지만, 그때 나는 두 살이었다 Je sais que c'est pas vrai mais j'ai 2ans'는 제목에서부터 작가의 의도를 솔직하게 잘 드러내고 있다. 정원을 구성하는 모든 요소들이 실제 스케일보다 과장되게 표현되어 있어 마치 두 살짜리 아기가 정원을 감상하였을 때 느낄 법한 모습들을 선보이고 있다. 아울러 이 작품에는 시간이 흐름에 따라 변화하는 여러 가지 모습들을 거슬러 올라가며 정원에 대한 기억을 환기시키고자 하는 의도가 담겨 있다.

1 실내의 방_ Chambre intérieure
2 그것이 진실이 아니라는 것을 알고 있지만, 그때 나는 두 살이었다
_ Je sais que c'est pas vrai mais j'ai 2ans
3-4 모네의 시선_ l'oeil de Claude Monnet

한편 모네의 작품을 정원에 끌어들인 '모네의 시선l'oeil de Claude Monnet'은 좀 더 손쉽게 주제에 접근하기 위한 모티브를 활용하였다. 모네를 연상할 때 떠오르는 가장 대표적인 작품은 아무래도 '수련'이다. 또 그 '수련'은 자연스럽게 작품의 배경으로 잘 알려진 지베르니Giverny에 위치한 그의 정원을 연상시켜, 정원에 대한 기억이 꼬리에 꼬리를 무는 셈이 된다. 따라서 작가는 이러한 연상을 순차적으로 일으키는 이미지를 색감을 통해 보여주기 위하여 노란색, 빨간색, 하얀색을 표현하는 서양 진달래와 개양귀비, 다알리아를 식재하여 모네와 정원에 대한 기억을 표현하고자 하였다.

'투영Transparences'은 주제에 대한 철학적 해석이 돋보이는 작품이다. 이 정원을 방문할 때는 무엇보다 환경에 대한 세심하고 특별한 관찰이 요구된다. 정원의 중심 공간은 비워져 있다. 그 빈 공간을 차지하고 있는 것은 그림자와 햇볕이다. 정원의 경계는 유연한 가벽으로 둘러싸여 있고, 그 외부에 자연이 펼쳐져 있다. 마치 중국의 경극을 보는 것처럼 사람들은 그늘진 중앙의 공간에서 가벽을 통하여 외부 자연의 무대를 바라보게 된다.

이러한 공간을 구성한 작가는 '그늘'에 대해서 다음과 같은 의미를 부여하고 있다. "그림자 또한 자연으로부터 얻을 수 있는 하나의 기억이다. 그러나 사물이 전달하는 실루엣에 의해 나타나는 그림자는 빈약한 존재로 여겨지기 쉬우나 사물의 실상을 보는 것과 동일하게 사물의

투영_ Transparences

그림자를 보는 것은 새로운 기억을 만들어낸다."

마지막으로 2011년의 주제는 '미래의 정원 혹은 적절한 생물다양성 속의 예술Jardins D'Avenir ou l'art de la biodiversité heureuse'이다. 제법 복잡하고 난해한 주제가 아닐 수 없다. 때문에 '만약 내가 정원 디자이너라면 이런 주제를 어떻게 정원에 표현할 수 있을까'라는 고민을 한번쯤 해봄직 하다. 사회적으로 큰 이슈가 되고 있는 환경 위기를 타개하기 위한 자연적 치유의 메시지를 담을 수도 있을 것이고, 독창적인 미래의 유토피아적인 정원의 모습을 상상해볼 수도 있을 것이다. 어쩌면 빠르게 변화하는 환경에 적응한 신종 자연을 추리해낼 수도 있지 않을까.

어찌되었든 이러한 주제가 주어진 배경에는 날로 심각해져가고 있는 환경 문제에 대한 타개책 마련과 사회에 경각심을 던져주기 위한 의도가 담겨 있을 것이다. 당연히 그 바탕에는 인간과 자연이 조화롭게 공생할 수 있는 지속가능한 환경으로의 열망 또한 자리하고 있다. 어쩌면 일상생활 속에서 생태적인 모습을 간직한 정원의 중요성이 보다 부각되어야 한다는 바람이 담겨 있을 수도 있을 것이다.

결국 2011년의 주제는 생태적으로 건강한 미래 환경의 조성을 위해 정원을 하나의 작은 에코시스템으로 활용하자는 취지와 거시적인 안목에서 생물종다양성과 자연 보존의 토대를 마련하자는 의도가 복합적으로 결합된 것이다. 환경에 대한 위기의식, 정원의 미래상, 생물 다양성과 지속가능성에 대한 중요성 인식 등이 주제의 기저를 이루고 있는 것이다.

작품 '충만한 꽃가루Le pollen exubérant'는 자연에서 물이 담당하고 있는 역할을 꽃가루에 비유하였다. 물이 정원뿐만 아니라 모든 생명체의 생장과 생존을 위한 필수요소라는 점을 주요 모티브로 삼아, 미래에 대한 상상은 필연적으로 과거로부터 시작해야 한다는 점을 강조하기 위해 식물군들이 배치되었다. 즉 정원의 변화는 과거로부터 시작하여 순차적으로 미래의 이상적 환경에 적응한 정원으로 나타나게 되는데 이를 위한 촉매의 역할을 공중에 부유하고 있는 물방울이 담당하고 있다. 과거의 정원으로부터 시작된 미래의 모습이 바람에 따라 분산되는 물방울을 통하여 식물간의 상호교잡으로 형성되는 것임을 짐작하게 한다.

주제 해석의 또 다른 시각을 '하늘에서의 루씨Lucy in the sky'와 '장식에 대항하여L'envers du décor'에서 엿볼 수 있는데, 이들의 공통점은 인공 환경에 대한 현실적 한계상황을 직시하고 미래 환경에 적응하기 위한 정원의 모습을 제시하고 있다는 점이다. '하늘에서의 루씨'의 경우 과도한 도시개발로 인해 더 이상 자연을 가꿀 수 있는 땅이 남아 있지 않아, 정원을 가꿀 수 있는 곳은 이제 옥상밖에 없다는 씁쓸한 현실을 이야기하고 있다. 정원의 초입에 들어서면 엘리베이터가 고장 났다는 것을

충만한 꽃가루_ **Le pollen exubérant**

1-2 하늘에서의 루씨_ Lucy in the sky
3-4 장식에 대항하여_ L'envers du décor

암시하는 복선과 함께 정원의 이야기가 시작된다. 그 후 정원을 설명하는 주요 배경인 옥상이 등장하고, 그곳에서는 어지럽게 널려있는 중세의 굴뚝 사이로 다양한 도시 풍경이 그려진다. 또 그 아래로는 생존하기 위하여 초라하게 자리 잡은 거친 풀들이 심겨져 있어 자연의 비애를 느끼게 한다.

반면 '장식에 대항하여'에서는 미래 상황을 배경으로 자연의 애잔함보다 진취성을 보여주고 있다. 마치 공상과학영화에 나올 법한 외계에 인간이 거주하기 위하여 지구의 대기와 유사한 공기층을 투명 막에 가두고 삶을 영위하는 듯한 자연의 모습을 보여주고 있다. 정원에 들어가 보면, 원생자연의 모습이 보이고 자연의 순리 속에 갈라진 틈은 투명 막 속의 인조식물과 함께 인공성을 극명하게 드러내는데 마치 이것은 우리가 행한 잘못으로 인하여 쇠퇴해가는 생물 다양성을 암시하는 듯하다. 덧붙여 멀리 설치되어 있는 거울 벽은 이러한 인간과 그들의 불안함을 은유적으로 보여주고 있는데 거울이 깨지는 소리와 함께 벽 뒤로 머리를 내밀면 그곳에는 장식에 대항한 자연이 존재한다.

푸른 초원 위에 둥그러니 솟아오른 정원은 낯설기는 하지만 어쩌면 현실이 될 수도 있는, 지역의 정체성을 무시한 획일화되어가는 자연과 정원의 모습에 대한 경고를 암시하는 듯 보인다.

1 예방하는 방법_ Manier avec précaution

2 조각물의 재배법_ Sculptillonnage

도로의 정원, Le jardin à la rue

정원에서 주제를 전달하는 방법

2

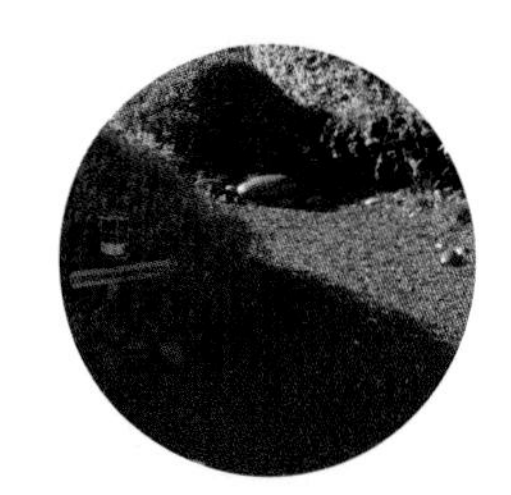

주제와 설계의 표현방법

주제가 아예 없는 정원도 존재할 수는 있지만, 대부분의 정원에는 그 나름의 주제가 있기 마련이다. 초등학생이 마당 한켠의 화단에 만든 정원에도 의도했건 의도하지 않았건 어떤 주제가 담겨 있다는 뜻이다. 물론 주제가 강조된 정원과 그렇지 않은 정원의 차이는 있을 수 있다. 하지만 어디까지나 정원은 인간의 의도에 의해 만들어진 인위적인 공간이기에, 작정자의 생각이 반영된 주제가 어떤 식으로든 정원 곳곳에 배어있을 수밖에 없다.

정원 디자인을 업으로 하는 전문가들은 주제를 통하여 설계의 개념이 나타나도록 노력하는데, 주제를 전달하는 것은 직유나 은유를 통한 직접적인 설계의 표현방법이라 하겠다. 이런 표현방법은 마치 소설의 전개방식과도 흡사한데, 공간의 초입부에 주제가 전달되도록 하여 체험의 시작부터 주제에 대한 명확한 이해를 바탕으로 정원을 감상하도록 하는 경우도 있지만, 경우에 따라서는 공간에 대한 체험과 프로그램을 충실히 체험하고 난 후에 자연스럽게 주제가 연상되도록 하기도 한다.

여기에서 중요한 것은 그 방법이 무엇이든 정확한 주제와 의도가 전달되기 위해서는 시각적 인자와 공간 경험적 인자 등이 잘 어우러져 디자이너와 감상자의 공감대가 형성되어야 한다는 점이다.

이러한 전제를 바탕으로 쇼몽의 정원 사례에서는 설계자의 의도와 주제가 공간 속에 어떤 방식으로 연출되어 있는지, 작가들이 감상자들에게 어떠한 심상을 남기고자 했는지를 살펴보도록 하자.

쇼몽의 정원에 나타난 작품들을 살펴보면 대부분의 정원이 그러하겠지만 주제를 표현하는 방법이 크게 두 가지 유형으로 나타나고 있다. 하나는 강렬한 시각적 이미지를 바탕으로 '조형적 형태나 구성'을 강조하여 보여줌으로써 다분히 직설적으로 주제를 전달하는 부류가 있고, 또 다른 하나는 감상자들로 하여금 '참여 혹은 체험'의 욕구를 불러일으켜 직접 정원 속에서 어떠한 행위를 하도록 유도함으로써 그 행동 결과에 따라서 주제를 연상하도록 하는 부류가 있다.

형태를 통한 주제의 표현

정원도 시각 예술의 하나이다. 그리고 시각으로 인지되는 정원의 조형적인 형태나 구성은 비주얼 커뮤니케이션이라는 용어로 해석될 수도 있다. 정원의 다양한 표현 요소는 커뮤니케이션을 위한 사인sign과 언어로 그 뜻이 전달되기도 하고, 그래픽적 표현과 같은 비언어적 요소로 전달되기도 한다. 또 바라보고 감상하며 산책하는 행위에서 시작한 정원이 오늘날에는 시각 이외의 다른 감각(청각, 촉각, 미각, 후각)을 동원하여 공간을 연출하고 있는 추세도 늘고 있다.

그렇지만 정원의 절대적 감각은 시각임을 부인할 수 없다. 시각 예술로서 정원을 감상한다는 것은 자연과는 구별되는 시각적 표상으로 코드화되어있는 의미를 인지하고, 작가가 의도적으로 정원에 표현해 놓은 구상적인 이미지와 시각적인 조형 요소들을 통해 정원의 주제와 관련된 수사학적이거나 비유적 표현들을 읽고 인식하는 것이다.

'기상천외한 그림자 속에 숨어라Cache-cache â l'ombre des extravagantes'라는 작품을 보면 조형적 형태를 통하여 주제를 전달하고자 한 흔적을 발견할 수 있는데, 작품의 영감은 숲속의 정원에서 발견할 수 있는 암석의 형태에서 시작하고 있다. 설계자는 틀에 박히고 다분히 지루하게 느낄 수 있는 숲의 모습을 변형시켜 마치 연극의 무대장치와도 같은 조형적 형태의 오브제들을 다수 설치하였는데, 이 형태들은 암석을 기본 모티브로 하여 숲에서 살아가는 늑대, 고양이, 개, 악어, 나비 등의 모습을 부분적으로 반영한 것이다. 여기에서 감상자들은 어린 시절 나무나 바위 뒤에 몸을 숨기며 즐겼던 술래잡기 놀이를 자연스럽게 떠올리게 되고, 유리조각이 모자이크된 오브제를 통하여 때로 신비로움을 전해주는 숲의 환상적인 모습을 마주하게 된다.

기상천외한 그림자 속에 숨어라
_ Cache-cache à l'ombre des extravagantes

*플롯 소설이나 희곡 등의 이야기를 형성하는 줄거리 또는 줄거리에 나오는 여러 사건을 하나로 엮는 작업을 말한다.

'Pig 혹은 Fig라고 할 것인가?Did you say Pig or Fig?'는 마치 플롯Plot*처럼 여러 이야기와 이미지들을 묶어놓고 정원의 모습을 유사한 발음구조를 가진 'Pig'와 'Fig'에서 연상되는 하나의 통로로 구성하였는데, 작품의 제목이 그 자체로서 주제에 대한 메타포적인 복선을 암시하고 있으며 정원에 나타난 시각적 요소들은 작품 제목을 연상시키기 위한 장치들로 활용되었다.

한편 이와는 달리 우리에게 익숙한 모습이나 형태를 보여주고 그에 따른 심상을 유도한 사례도 있다. '비너스 놀이와 우연성Le jeu de Vénus et du hasard'의 경우 우리는 쉽게 보티첼리Sandro Botticelli의 '비너스의 탄생The Birth of Venus'을 떠올리게 되는데 이 정원은 실제 작품의 인용을 통하여 이미 만들어진 시나리오를 일차적으로 전달하는 '보여주기'와 그림의 원작에 대한 이해를 바탕으로 설계자의 시나리오를 '찾아가기' 위한 경험을 유도하고 있다. 또한 작품 '패총 빌라에 대한 부드러운 열망Folie douce à la Villa Conchiglia'에서는 이탈리아 전통 빌라의 동굴Grotto에 대한 향수를 표현하기 위하여 패총과 같은 재료로 대표적인 이미지를 전달하고 있다.

행위 유도를 통한 주제의 전달

2006년의 작품들을 살펴보면, 적지 않은 출품작들이 관람자들로 하여금 참여와 체험을 즐기도록 유도하고 있음을 알 수 있다. 이것은 해당

1. Pig 혹은 Fig 라고 할 것인가?_ **Did you say Pig or Fig?**

2. 패총 빌라에 대한 부드러운 열망_ **Folie douce à la Villa Conchiglia**

비너스 놀이와 우연성_ Le jeu de Vénus et du hasard

연도의 주제와 밀접하게 관련되어 있는데, 그 해의 주제는 바로 '정원에서 놀기Jouer au jardin'였다. 하여 다수의 작품들이 정원에서 즐길 수 있는 유희와 놀이의 행동을 유발하고자 하였으며, 이에 수반되는 행위를 감상자들이 하는 과정에서 작가의 의도를 깨달을 수 있도록 하였다.

'앨리스를 위한 체스판Echiquer pour Alice'은 루이스 캐럴의 동화인 '이상한 나라의 앨리스'에서 영감을 받아 만들어졌는데, 동화에서 추출한 대표적인 이미지와 색감, 우리에게 익숙한 서양 장기판을 통하여 배경적 공간을 구성하였고, 게임을 즐기면서 동화의 의외성을 직접 경험하도록 하였다.

또 다른 작품인 '초원에서 놀이의 법칙Jeu de rôle dans la prairie'은 설계자가 전달하고자 하는 제목과 개념이 다분히 추상적인데, 작가는 자신의 의도를 다음과 같이 소개하고 있다. "상상을 통하여 현실로부터 도피하여 마치 한 마리의 작은 곤충이 되어 초원의 가장 미세하고 작은 공간 속에서 모험과 생존을 즐기게 하고자 하였다." 여기에서 정원의 역할은 상상 속의 체험을 경험할 수 있는 놀이의 공간이 되며, 감상자들은 인지적 스케일의 변화를 통하여 색다른 놀이를 경험하게 된다. 이러한 상황 설정을 돕기 위하여 작가는 관람자들이 나선형으로 유도된 동선을 통하여 정원을 둘러보도록 함으로써 마치 곤충이 꽃 속으로 날아드는 듯한 느낌을 경험하게 하였다.

이처럼 행위를 유도하는 작품들의 특징은 대부분 시각적 요소로 일차적 흥미를 유발하고 그 다음에 감상자들의 참여가 자연스럽게 이어지도록 하고 있음을 알 수 있는데, 참여를 통해 정원을 느끼게 하는 것이야 말로 가장 원초적이며 본능적 감성에 호소하는 방식은 아닐까 싶기도 하다.

행위를 유발시키는 방법도 무척 다양한데 '플라워 앤 롤Flower n Roll' 처럼 디지털 게임에서 흔히 발견할 수 있는 익숙한 놀이를 환기시키고 그것을 재연함으로써 몰입하게 하는 방법도 있고, '가택침입Le Monte-en-l'air'의 경우에서 볼 수 있듯 새롭고 신기한 형태를 보여줌으로써 호기심을 불러일으켜 참여 동기를 유발시키기도 한다. 그리고 이러한 모든 방법과 수단들의 배경에는 흥미로움이라는 복선이 수반되어 있다. 이것은 사람들이 광고나 어떤 매체를 보고 그 이미지를 기억하고 인상에 담아둠으로써 연상하게 되는 '흥미효과interest effect'를 역으로 이용하는 것이라 할 수도 있다.

공간을 특정한 의도를 가지고 계획하고 연출하는 것은 환경을 매체로 한 설계의 본질적 목적 중 하나이다. 여기에서 중요한 것은 주제가 어떻게 전달되었는가를 판단하는 것보다 감상자들이 얼마나 많은 감흥을 느끼며 동화되었는가이다. 이는 정원의 주제를 구상하며 무엇보다 염두에 두어야 할 대목이 아닐까 싶다.

1 앨리스를 위한 체스판_ Echiquer pour Alice
2 초원에서 놀이의 법칙_ Jeu de rôle dans la prairie
3 플라워 앤 롤_ Flower 'n' Roll

가택침입_ Le Monte-en-l'air

정원을 둘러보다보면 때때로 사진 촬영의 곤혹스러움에 빠지곤 한다. 한 편에 흐드러지게 피어있는 초화류를 담기에도, 기묘하게 서있는 조형물을 담기에도 정원의 풍경은 무척 그럴듯한데 무엇에 초점을 맞추어야 할지 애매한 경우 특히 그렇다. 인물에 비추어 이야기하자면 모델의 전신을 찍어야 할지, 주름진 눈매의 표정을 담아야 할지, 웃음이 배어있는 입가의 미소를 찍어야 할지 판단이 서지 않을 때와 비슷한데, 이것은 촬영의 목적과 주제가 2차원적 이미지만으로는 채집될 수 없다는 이야기이기도 하다.

쇼몽의 경우 이러한 곤혹스러움의 대부분은 심오한 설계 개념을 작가가 작위적으로 표출한 경우와 다분히 작가의 주관적 감성에 의하여 지배된 정원인 경우, 그리고 작품을 전개함에 있어 해설적 나레이션이 공간에 전개된 경우가 해당된다.

정원에서의 커뮤니케이션은 공간 속에 시각적으로 표현된 '샷'과 같은 프레임을 이해하는 것에서 시작되지만, 총체적 교감은 단순히 시각적 요소만으로는 달성되기 어렵다. 따라서 정원과 사람의 교감은 시각적 프레임과 함께 그것을 바탕으로 펼쳐지는 추상적이거나 혹은 구상적인 주제의 움직임에 의하여 최종적으로 완성되는 것에 의미를 두는 것이다.

03

정원과
조형 오브제

설계안의 중요성

대부분의 성공한 정원에는 항상 정확하고 분명한 설계안이 존재한다. 여기에서 말하는 '정확하고 분명한 설계안'은 설계도의 형식이나 질적 완성도와는 하등 관련이 없다. 초라한 이면지에 볼펜으로 그려졌건, 아주 작은 메모지에 소설처럼 설계 의도가 나열되었건 아무 상관이 없다. 오직 중요한 것은 정원을 만들고자 하는 작정자의 명확한 의도가 정리된 설계안이 있느냐 없느냐의 문제이다.

'정원의 설계안'에 무게를 두는 이유는, 비록 그것을 그린 결과물이 정확하게 표기가 되었든 그렇지 않든, 자연스럽든 그렇지 않든 간에 설계가 존재한다는 자체만으로도 아직은 실현되지 않았지만 결과물의 한 모습이 존재하기 때문이다. 그리고 우리는 이것을 통하여 봄부터 여름과 가을 그리고 겨울까지 정원에서 전개될 시간적 흐름과 변화를 가상체험 할 수 있으며 그 정원의 구체적인 모습들을 구상해 볼 수 있다.

정원을 그리기에 앞서 염두에 두어야 할 것을 크게 두 가지로 강조하고 싶다. 하나는 설계자의 작정 의도에 중점을 둔 것인데, 공간에 '어떠한 형태를 담을 것인가'의 문제다. 다른 하나는 감상자 혹은 체험하는 이들에게 초점을 맞추어 공간을 '어떻게 보여줄 것인가'하는 문제다. 물론 이 두 가지는 궁극적으로 일맥상통하는 하나의 모습으로 귀결되지만 간혹 한가지에만 치우친 나머지 다른 하나를 간과하는 오류를 범할 수 있기에 구분지어 생각할 것을 권유하는 것이다. 따라서 이 두 가지에 대한 의도가 명확하다면 정원을 그리는 작업은 한결 수월할 것이며 고민스러운 설계안 작성은 손쉽게 해결될 수 있다.

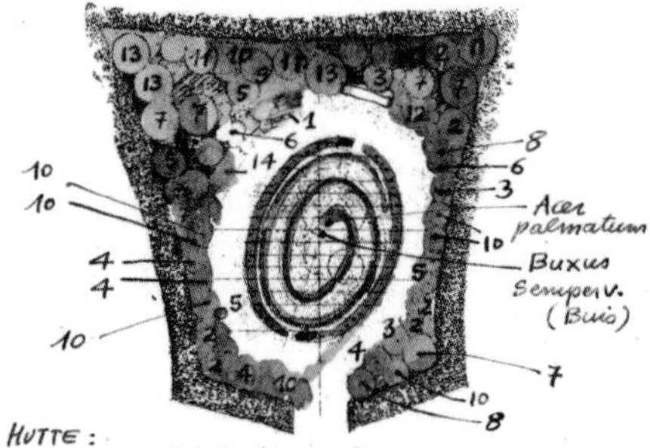

경이로움과 위기_
Merveilleux et crise
(출처: deuxième Festival International des jardins, 1993, p.48)

우선 공간에 담고자 하는 형태에 대한 고민은 주로 시각 전달에 초점을 맞추어 보여주기 위한 공간의 외형적 윤곽을 만들어 가는 과정이라 할 수 있는데, 여기에서 정원 디자인에서 보편적으로 언급되는 공간의 '질서', '조화', '균형', '비례'와 같은 요소들이 적용되어 평면 구성이 이루어진다. 이러한 작업은 대부분 마스터플랜과 같은 2차원적 평면으로 표현되지만, 때로는 3차원적인 간단한 모형 제작을 통하여 이루어지기도 한다.

여기에서 한 걸음 더 나아가게 되면 그 형태를 '어떻게 보여줄 것인가'에 집중하게 되는데, 일차적인 시각적 전달에서 발전하여 감상자의 심상에 기대어 상상 속의 공간을 경험하게 하는 방법을 찾는 것이 되겠다.

이러한 일련의 과정들은 그리기에 선행하여 이야기가 만들어지고, 그리는 과정을 통하여 간접적인 공간 체험을 미리 가상하게 되며, 그 후에 다시 앞서 언급한 두 가지의 피드백으로 연결되어 최종적으로 정원의 모습이 완성되기에, 그 중요성이 매우 크다고 할 수 있다.

여기서 한 가지 당부를 덧붙인다면, 비록 2차원적인 평면상의 그림일지라도 마치 설계자 자신이 그 공간으로 들어가 가상체험을 경험해 보는 마음으로 설계안을 완성해야, 흔히 저지르기 쉬운 '그림과는 다른 현실'에 대한 오류를 극복할 수 있다는 점이다.

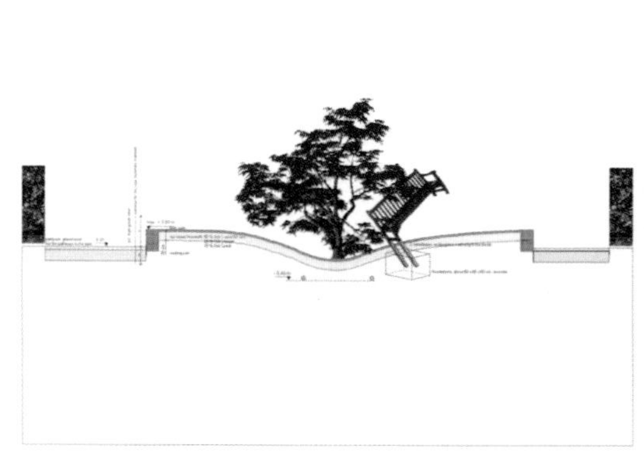

녹색 양탄자_ **Green carpet**(출처: Jean-Paul PIGEAT, Vive le Chaos, CIPJP, 2004, p.49)

정원과 환경예술

정원이나 조경 설계와 관련된 결과물에 대해 설명하다 보면 간혹 "이것도 조경의 영역인가" 혹은 "조경가가 관여하는 디자인의 범위가 어디까지인가"라는 질문을 받게 된다.

디자인과 관련한 영역은 물론이거니와 인문 · 사회의 영역까지 그 범위가 확장되고 있고 통섭과 융합이 그 어느 때보다 부각되고 있는 최근의 경향을 감안한다면, 특정 분야의 업역 혹은 영역을 엄밀히 구분 짓거나 규정하는 것은 그리 쉬운 일이 아니다. 또 굳이 그렇게 구분을 해야 할 필요성을 느끼지 못하는 경우도 꽤 많다. 혹자는 최종 결과물을 만든 사람이 누구이냐에 따라 영역을 구분한다는 웃지 못 할 이야기를 하기도 한다.

그런데 특정 전문분야와 타 분야 간의 통섭이나 탈 영역에 의하여 확장된 상호교류는 감상자들은 물론이거니와 디자이너들에게 다양한 경험을 제공하며 발상의 전환에 큰 도움을 준다. 특히 환경 설계와 관련된 경우에는 공간과 장소에 대한 독창적인 해석을 이끌어내기도 하고, 설계 전반에서 합리적인 유연성을 강화시키는 긍정적인 효과도 상당히 크다.

* 미야기 순샤쿠 저, 조동범 역, 『랜드스케이프 디자인의 시좌』, 도서출판 조경, 2006.

이러한 현상에 대하여 미야기 순샤쿠*는 지난 20년간 조경분야에서 디자인에 대한 표현이 현저하게 다양해지고 있는데, 특히 예술적 표현에서 그 경향이 강해졌고 그렇게 된 직접적인 원인으로는 과거에 전적으로 조경가가 디자인을 담당해왔던 공간 영역에 예술가나 건축가 등 타분야의 디자이너가 침투해왔다는 점을 지적하고 있다.

우리는 이와 상반된 논리도 추측해 볼 수 있는데, 조경가들이 실험적이며 창의적인 작품을 위하여 환경과 관련한 예술분야와 관계를 맺으며 그들의 디자인 과정을 응용하는 과정에서 타분야의 참여가 늘어난 것으로 볼 수도 있다는 것이다. 특히 조경과 접목하기 쉬운 가장 유사한 분야인 환경예술environmental art의 경우, 조경가들의 적극적인 관심이 구체적인 협업이나 가시적인 작품에의 영향으로 나타나고 있기도 하다.

즉 타 분야의 디자이너들이 전통적으로 조경가가 다루던 영역으로 침투한 것으로 볼 수도 있지만, 그 반대로 조경가가 타 분야에 대한 관심을 넓혀가면서 경계가 흐려진 것으로 볼 수도 있다는 것이다. 특히 환경예술 분야는 자연의 소리와 빛, 색채를 다룬다는 공통점이 있고,

1 물고기 풍경_ **The fish scene**
(출처: Louisa Jones, Reinventing the Garden, Thames & Hudson, 2002, p.171)
2 자연스러운 코드_ **Code naturel**
3 여보시오! 나를 지지해 주세요_ **Eh! Tu me soutiens**

환경을 기반으로 작품을 실현하기 때문에 작품의 대상과 공간의 유형, 표현매체에서도 상당한 유사성을 갖고 있다.

이러한 조경의 예술적 경향과 현상을 증명하는 사례들은 정원 페스티벌에서 대표적으로 엿볼 수 있는데, 새로운 것을 수용하는 페스티벌의 실험적인 성향은 물론이고 자연과 환경을 주제로 예술적인 작품 구현을 꿈꾸는 수많은 디자이너들이 참여하고 있기 때문이다.

때문에 쇼몽 가든 페스티벌과 같은 곳에서 조경 혹은 정원이 예술의 범주에서 표현되는 작품을 발견하는 것은 그리 어렵지 않은 일이다. 조경 혹은 정원이 예술과 어떤 식으로 조화를 이루는지, 그 결합 양상과 접점을 살펴보는 것은 흥미로운 감상 포인트가 될 것이다. 또 정원에서 시각적으로 구체화된 여러 요소들을 보편적인 디자인 원리와 요소와 비교하여 살펴보는 것도 색다른 즐거움을 전해줄 것이다.

가든 페스티벌에서 자연이 가진 원초적 아름다움을 발견하고 자신만의 예술적 발상을 가미해 작품으로 형상화하고 시각화하는 것이 디자이너들의 몫이라면, 감상과 체험을 통하여 디자이너들이 전달하고자 하는 작정의도를 유추해가며 예술적인 정원의 매력을 만끽하는 것은 감상자들의 몫이라 할 수 있다.

시각예술로서의 정원

정원과 같이 공간을 주요 무대로 하는 작품들의 감상에서 시각적 특성은 그 무엇보다 중요하다. 일차적 시각 요소인 '형태', '형식', '색조', '공간 구도', '프레이밍framing'* 등을 통하여 작품의 구조가 먼저 인지되며, 감상자들은 '보다look'라는 과정을 통해 작품을 분석하고 이해하기 때문이다. 그러므로 정원 또한 시각적 인식이 무엇보다 중요하다고 할 수 있으며, 정원을 시각 문화visual culture의 한 장르에 포함시켜도 무방할 것이다.

여기에서 '보다'라는 행위는 의미를 확대하여 해석하는 것이 필요한데 시각적 인지를 통하여 지성과 감성을 바탕으로 한 작품 이해가 이루어지며, 나아가 모든 미학적인 판단에까지 영향을 미치기 때문이다. 물론 '보는 것'은 개인적 차이에 의한 주관성과 문화적 다양성에 따라 상당히 다른 결과를 불러올 수 있음을 간과해서는 안 될 것이며, 빛의 자극에 의해 보이는 단순한 시각의 범위를 넘어 사회적 관계로부터 형성된 반응의 결과에 따라서도 다르다는 점을 유념해야 할 것이다.

그러므로 시각적인 특성이 중요하고 시각에 적극적으로 호소하는 정원 작품을 제대로 감상하기 위해서는 우선 눈으로 파악할 수 있는 공간 구성의 유형을 살펴봄으로써 작품과 커뮤니케이션을 할 수 있는 토대를 마련하는 것이 필요하다.

한편 제한된 공간에서 보여주고자 하는 것을 강조하거나 효과적으로 전달하기 위해서는 물체가 어떤 상징성을 가지거나 함축적인 형상으로 보이기 위한 시각적 짜임새가 필요한데, 여기에서 가장 기초가

* 프레이밍(Framing)은 사진을 찍을 때 피사체를 파인더의 테두리 안에 적절히 배치하여 화면을 구성하는 과정을 의미한다.

정원의 단편_ Jardin fragmentaire

되는 것은 '주변'으로부터 그 대상을 구별 짓는 것이다.

물론 구별 짓는 기준과 방법도 천차만별인데, 주변과 이질적이거나 독립적인 모습과 색채를 통해 차별화되는 것이 한 방법이라면, 환경에 동화되어 동질적인 유사성을 갖고 있으면서 시각적 요소가 아닌 특별한 기능적 의미를 통해 구별되는 것 또한 의미를 가질 수 있을 것이다.

이러한 구별에 대하여 조형 심리에서는 흔히 '그림과 바탕'이라는 이론을 통하여 보이는 것과 그 이외의 배경 부분을 구별하기도 한다. 물상이 구체적인 형태를 가지거나 혹은 그 윤곽을 명확하게 보여줄 때

바로 앞에 떠오르는 것을 '그림'이라고 가정한다면, '바탕'은 형태도 윤곽도 없이 공허하며 공간 속에 스며들어 불명확함을 느끼게 하는 그 무엇으로 이해하면 될 것이다.

이것을 정원 설계와 연관지어 생각해보면, '그림'은 정원이 나타내고자 하는 주제로 해석할 수 있다. 주목성을 갖든 그렇지 않든 표현하고자 하는 내용의 중심이 바로 '그림'이라는 것이다. 그리고 '바탕'은 주제를 둘러싼 그 외의 공간으로 이해할 수 있는데, 이런 전제를 바탕으로 정원을 감상하면 정원을 중심으로 한 의미 전달과 커뮤니케이션이 보다 구체화될 수 있을 것이다.

시각예술로서 정원을 단순한 회화적인 단편으로 바라보는 것은 위험한 일이다. 정원은 공간 속에 표현되는 시각예술의 모습을 가지기에 총체적인 공간으로 이해되어야 하며, 단편적인 그림만으로 공간의 구성은 완결될 수 없다. 또한 정원은 바탕 혹은 배경에 의한 보완적 공간 구조를 갖고 있는 다차원적인 시각 구조로 구성되는 것이 바람직하다.

그러므로 정원을 만들거나 감상하기 위한 커뮤니케이션은 평면적으로 보이는 '그림과 바탕'을 공간 속에서 입체적으로 인지하는 것으로부터 시작된다고 할 수 있으며, 그 다음 단계로서 정원에서 인지되는 공간 프레임의 유형을 이해하고, 구조 속에 나타난 디자인 요소와 원칙들에 대한 의미와 상관성을 작품의 주제와 관련지어 해석하는 순으로 작품을 감상하는 것이 효과적이라 하겠다.

조형요소와 공간의 관계

2

시각적 구성 요소

흔히 디자인에서 '비주얼 커뮤니케이션'이라는 용어를 사용하곤 하는데 그래픽 디자이너들의 말을 빌자면 이러한 소통의 바탕이 되는 것은 보편적으로 '디자인 요소'와 '디자인 원칙'이라고 할 수 있다. 여기에서 정원을 다루는 사람들이 주목해야 할 것은 '형shape'과 '형태form'를 구분하여 인지하는 것이다. 전자의 경우가 2차원적 모양을 보여준다면 후자는 입체화된 깊이까지 표현하는 3차원적 외관이라고 할 수 있다. 조금 더 구체적으로 살펴보면 이러한 형태를 구성하기 위한 기본적인 디자인 요소는 조형요소formative elements와 무형요소formless elements로 구분 지을 수 있는데, 전자에는 '점', '선', '형'이 해당되며 후자로는 '질감', '크기', '색깔' 등이 해당된다. 여기에서 설계가들은 각 요소들 간의 상호작용과 상관성을 높이기 위해 '안정성과 균형', '비례와 조화', '리듬과 운동성'과 같은 일련의 디자인 원칙들을 적용하거나 실험하여 요소들을 조합함으로써 호소력 있는 형태를 만들고자 노력한다. 그러나

만약 공간에서의 조형요소가 2차원적인 이해에 그치게 된다면 지극히 평면적 전달인자에만 의존하는 경험으로 전락해 버릴 수 있다는 것 또한 주의하여야 한다. 아울러 정원 공간을 시각적으로 해석하기 위해서는 골격이 보여주는 공간 구조의 다양성과 디자인 요소들의 조합과 함께 설계가의 개념을 종합적으로 비교하는 것이 바람직하다.

한편 설계라는 것은 그 특성상, 만드는 이에게는 비시각적 개념과 아이디어를 표현하기 위한 의도로부터 시작된다고 할 수 있다. 하지만, 감상하는 이에게는 시각을 통하여 처음 인지되는 경험과 이미지로 저장되는 인상과 유사한 것이 설계이기도 하다. 그리고 이러한 인상 혹은 이미지는 '가시성', '주시성', '기억성', '적확성', '조형성', '시대성'* 을 바탕으로 구현되고, 다음 단계로 발전하여 은유나 직유, 과장과 같은 수사학적인 비유를 통하여 공간 속에서 해석되며 그를 통해 감상자들과 교감하는 행위 유발이 일어난다.

그렇다면 우리 스스로 시각적 커뮤니케이션을 위해서는 무엇을 이해하여야 할 것인가를 다음 내용에서 고민해 보자.

* 박선의·최호천, 『비주얼 커뮤니케이션 디자인』, 미진사, 1999, p.22. 가시성(可視性)은 형태, 색상, 문자 등의 시각정보로서 보고 판별하기 쉬운 것을 의미하며, 주시성(注視性)은 시선을 유도하는 기능을 의미하며, 기억성(記憶性)은 정보를 정확하게 기억시키려는 것을 의미하고, 적확성(的確性)은 정보의 다의성에서 혼란을 일으킬 요소를 최소화하는 것을 말하며, 조형성(造形性)은 시각적으로 아름다운 것을 의미하며, 시대성(時代性)은 다수인의 취미나 기호에 맞고 어떠한 방향으로 유도하는 것을 의미한다.

주체적, 부수적, 종속적 관계의 이해

3차원의 디자인에서 공간을 구성하거나 이해하기 위해서 선행해야 하는 일 중의 하나는 조형적 요소들 간의 관계를 정립하는 것이다. 감상하고자 하는 공간에 나타난 형태를 대상으로 시각적 위계를 설정하

하나를 위한 다섯 가지_ Cinq pour un

노아의 대홍수_ Le déluge

고 시뮬레이션을 시행하기 위하여 그 요소들을 구분 짓는 것이 필요한데, 이는 '주체적dominant'인 역할과 '부수적subdiminant'인 역할 그리고 '종속적subordinate'인 역할을 담당하는 형태들 간의 관계를 찾거나 의미를 부여하는 것이다.

대체적으로 주체적 역할을 담당하는 조형 요소는 규모가 크거나 흥미로움을 유도하는 대상으로 요소들 사이에서 주된 위치를 차지하고 있고, 부수적 역할의 요소는 이러한 주체적 요소를 보완하는 특성을 지니고 있다. 또 종속적 역할은 기존 형태들을 보완하기도 하며 다른 요소들 간의 통일감을 만들어주기 위한 조화로운 성격을 지니는데 보편적으로 이를 통하여 공간은 더욱 입체적으로 전달되거나 대비를 통한 흥미로움을 자극시키기도 하며 주체적 요소와 연계된 일련의 축을 형성한다.

이러한 형태들 간의 관계를 설명하는 사례로 '하나를 위한 다섯 가지Cinq pour un'를 보면 긴 데크 길로 구분된 공간에 다섯 가지 집단의 다년초, 포아풀, 일년초들을 식재하여 정원을 구성하고 있다. 이곳에서 정원의 얼굴이며 주체적 역할을 담당하는 요소는 수직적인 네 개의 거울로서 주제를 암시하는 각각의 식재 영역을 투영하여 보여주고 있고, 거울 주변에 유사한 모듈로 배치된 전망대는 부수적 역할로서 수직과 수평적 배치에 대한 적절한 운율을 조성하고 있다. 종속적 역할을 담당하는 긴 목재 데크 길은 공간의 연결과 축을 형성하기 위한 시설로 기능하여 공간에 대한 직·간접적인 체험을 유도하는 도구로 활용되고 있다.

한편 1998년의 작품 '노아의 대홍수Le déluge'는 제목에서 시사하는 것처럼 허공에 떠있는 의자들이 사건을 설정하기 위한 주체적 요소로 기능하고 있음을 알 수 있다. 또한 의자들을 중심으로 물위에 부유하는 뉘앙스를 전달하는 환경 요소들이 부수적 역할을 담당하고 있다면 불쑥 튀어나온 사다리는 제 3의 요소로서 이질감을 제공할 수도 있지만 색상의 동질감을 나타내고 주제를 잘 보여주기 위한 관찰 시점의 변화를 유도함으로써 흥미로운 종속적 관계를 형성하고 있다.

벽과 면의 관계

20세기에 나타난 현대 정원의 경향을 이야기할 때 포스트모던의 영향을 거론하는 것은 해체주의적이며 구조주의적 경향을 지닌 건축적 요소가 정원에 본격적으로 개입하여 오브제로서의 의미를 가지게 된 배경을 들 수 있다. 물론 1925년 '파리 국제 산업미술 박람회'에서는 정원에 대한 의미를 '예술의 정원Art du Jardin'이라 명명하고 정원에 대한 모더니즘 경향의 작품들과 실험적인 모습들을 전시하기도 하였지만, 양자에서 발견할 수 있는 주요한 공통된 특징은 건축적 요소의 등장임을 부정할 수 없다.

정원에 등장하는 대표적인 건축적 요소로는 벽을 들 수 있는데, 벽은 정원의 공간에서 영역을 한정하거나 질서를 부여하기도 하며 형태

어린왕자의 채소밭_ le potager du Petit Prince

와 형태가 만나 공간에 대한 다양성을 만들어 주는 역할을 담당한다. 이러한 벽의 존재는 시각적으로 인지되는 상대적인 거리, 높이, 표면 재료의 다양성으로 실제 공간에 어떻게 적용되느냐에 따라 다의성을 갖는데, 주의 깊게 살피고 관심을 가져야 하는 것은 그 벽이 가지는 면의 성격을 파악하는 것이 우선이라 하겠다.

면의 성격을 파악하는 기준으로는 감상자의 위치에 따른 기울기나 시선과의 각도를 꼽을 수 있는데 이에 따라 편안함과 같은 포용성을 느낄 수도 있고, 때로는 심리적 불안을 자극하는 역할을 하기도 하고, 동선의 속도감을 조절하기도 한다.

수직으로 설치된 벽과 그 면의 경우에는 감상자의 시선 각도와의 관계에 따라 다양하게 해석될 수 있다. 보통 45도 방향으로 접하여 있을 경우 감상자와의 일대일 관계를 형성하여 균형과 대립의 성격이 강하게 나타난다고 할 수 있고, 30도나 60도의 방향에 있을 경우 황금비율의 각도가 만들어 주는 심리적 안정감과 정돈된 질서감을 공간에 부여해준다.* 또한 면은 정면에 가까울수록 정적이며 답답한 느낌을 전달하는 반면 측면에 위치할수록 동적이며 시원한 진행성을 유도한다.

＊조재현 저, 『공간에게 말을 걸다』, 멘토프레스, 2009, p.76

경사진 벽과 면의 경우 안쪽으로 경사진 면과 바깥쪽으로 경사진 면으로 구분 할 수 있는데, 안쪽으로 경사진 면의 경우 공간에서 투시도적인 속도감을 제공하여 공간적 상승감이 줄어들며 경사각이 커질수록 덮어주고 보호하려는 특성을 지닌다.

1 넝쿨성 식물로 구성된 보호소_ À l'abri des plantes grimp'tentes'
2-3 천지창조 전의 혼동_ Tohu-bohu

일례로 '넝쿨성 식물로 구성된 보호소? l'abri des plantes grimp'tentes?'의 경우 안쪽으로 경사진 면의 특성을 잘 반영하여 식물에 의하여 보호된 듯한 안정감과 함께 공간의 깊이와 연속성을 투시도적 시각으로 유도하고 있다. 반면 작품 '천지창조 전의 혼동Tohu-bohu'의 경우 곱슬 버드나무로 감춰진 입구로 들어서면 공간의 종점부를 향하여 바깥쪽으로 기울어진 벽면을 접하게 되는데, 이 경우 확장감과 상승감을 유도하고 있으나 공간에 대한 속도감과 집중도는 분산되며 영역에 대한 구속력도 희박해짐을 느낄 수 있다.

면에 대하여 이야기 할 때 빼 놓을 수 없는 부분이 곡면이다. 곡면에 대한 감성은 면이 가지는 형태의 길이와 마주하는 굴절면의 내·외부에 따라 다양하게 인지될 수 있으나 어찌되었건 형태의 기본이 되는 원의 형태적 속성을 내재하고 있음을 간과할 수 없다.

그러므로 곡면의 기본적 성격에는 중심성과 함께 영역을 보호하려는 성격이 강하게 담겨 있으며, 원이 가지는 완전함과 하나의 중심을 의미하는 상징성을 느낄 수 있다. 따라서 곡면을 접하는 위치에 따라 감상자는 상반된 공간감을 가지게 되는데, 곡면 각도를 포용하는 안쪽에서는 구심적 영역에 대한 공간감과 함께 정적인 느낌을 갖게 되며 모든 청각적인 요소들이 중심을 향하여 집중되는 것과 같은 위계질서를 경험할 수 있다. 반면 곡면의 바깥쪽에 위치하였을 경우 그 면은 중심을 보호하기 위한 배타적인 요소로 인지되며 다른 형태와 타협을 거

바벨_ Babel

우리들을 위한 나의 정원_ Mon jardin à moi Sétois

* 'Sétois'의 경우 발음의 합성에 의한 표기로 실제 존재하지 않는 단어이므로 'c'est toi'로 해석하였다.

부하고 공간을 지배하려는 방향성을 느끼게 된다.

작품 사례로 '바벨Babel'과 '우리들을 위한 나의 정원Mon jardin à moi Sétois'* 은 수직적 곡면의 조형 형태를 갖고 있는데 우리는 곡면이 가지는 중심적 성격과 구심력으로 인하여 자연스럽게 동선이 유도됨을 느끼며 그 흡입력에 따라 회전운동을 하며 접근하게 된다.

점과 기둥의 이해

정원의 구조적 공간에서 벽과 면 다음으로 빈번하게 등장하는 요소가 기둥이다. 기둥의 형태는 독립적인 요소로서 상징성을 지니기도 하고, 의인화나 추상적 요소로 활용되기도 하고 장식적 오브제로서 이용되기도 한다. 보편적으로 기둥은 수직적인 상하방향으로 중력과 같은 힘의 이동을 나타내는 통로를 의미하는데 마치 평면의 점이 상승한 확장적인 형태를 지니고 있으므로 공간에서 구심적 역할을 담당하거나 자기중심적인 힘을 가진 강한 존재감을 표현하는 요소로 인식된다.

기둥 또한 구성하는 면의 수와 형태에 따라 다양성을 가지는데, 사각 면으로 구성된 기둥의 경우 직교적인 공간 체계에 순응하는 성격을 지니고 있다면 원형 기둥은 그에 비하여 독립적이며 훨씬 더 많은 주목성을 가지는데 구심점을 향한 보이지 않는 영역성으로 동선을 지시하거나 유도하는 성격을 가진다. 물론 이러한 효과는 하나의 기둥을 강조하여 표현할 때 주로 나타나지만, '불 이야기들Fire stories'과 같이 동일한 여러 개의 기둥이 모여있는 집합을 통하여 전달되기도 한다.

1 불 이야기들_ Fire stories
2 고고학적인 크리스탈_ 'l'archéologie du cristal'
3 다습한 온실_ la serre molle

땅의 행보_ la Terre en marche

여러 개의 기둥이 전달하는 또 다른 감성으로는 '고고학적인 크리스탈l'archéologie du cristal'이나 '땅의 행보la Terre en marche'처럼 그 수량이 많아지고 반복적인 선형 상에 배치되면 독립적이기 보다는 집합적인 질서를 형성하여 유인성이나 영역성을 만들어 준다는 점이다. 또 '다습한 온실la serre molle'과 같은 사례에서는 불규칙하게 서 있는 기둥을 통하여 전체적인 양감을 풍부하게 하는 특성을 느낄 수도 있다.

공간에서 선의 의미

어떠한 동작이나 움직임을 표현하거나 동적인 역동성을 나타내고자 할 때 선을 가장 유용하게 사용하지만 때로는 윤곽을 나타내거나 면과 입체를 묘사하는데 이용하기도 한다. 물론 선은 직선과 곡선으로 구분되지만 그것이 무엇이든 선에서 관심을 가져야 하는 것은 선이 가지는 방향성과 변화를 파악하는 것이다. 직선보다는 곡선에서 이러한 변화의 다양성을 기대하고 연출할 수 있는데 곡선이 가지는 궤적이나 이미지의 표현 방법에 따라 느림과 빠름을 판단하기도 한다.

1994년의 작품 '대나무Bambous'의 경우 원의 한 부분과 같은 정곡선neutral curve의 형태를 가짐에 따라 가장 무난하고 역동성이 적은 안정적인 공간으로 인지되며 터널을 통과할 때 양측으로부터 같은 양의 힘이 팽창되어 퍼짐을 알 수 있는데 이 모습이 느린 곡선의 전형이라 할 수 있다. 또 다른 느린 곡선의 사례로는 '나비Butterfly'를 들 수 있는데 나비의 움직임을 보여주는 철제의 선형은 마치 곡선의 맨 위에 무엇인가를

올려놓았을 때 그 무게를 지탱하고 있는 지지곡선의 유형과 유사한 느낌을 전달한다.

이와는 다르게 좀 더 빠른 느낌을 전달하고자 할 때 사용하는 곡선의 유형에는 공을 던질 때 생기거나 호수에서 물줄기가 내뿜어지는 궤도를 보여주는 궤도곡선의 형태를 꼽을 수 있다. 또 부메랑과 같은 물체를 던졌을 때 다시 원점으로 향하는 것과 같은 회귀곡선의 유형도 이에 해당된다.

작품 '해바라기의 논리La logique du tournesol'에서 공중을 부유하는 회귀곡선의 형태는 태양에 반응하는 해바라기의 생태적 움직임을 비유하여 공간에서의 방향성을 나타내고 아울러 지면 식물들과의 관련성을 암시하고 있다. 그러나 예외적으로 나선형과 같은 곡선은 다른 요소들과는 무관한 독립성을 보여준다는 점도 기억해야 한다.

한편 곡선의 또 다른 변용으로 '녹색의 환상적 풍경Green phantasy landscape'의 경우 곡선의 응용은 수직적인 면과 입체를 묘사하기 위한 실루엣으로 공간에 적용되고 있으며, '멜리-멜로Meli-melo' 정원의 경우 공간을 지배하는 거대한 식탁을 평면 곡선의 형태로 유도하여 감상자들을 포용하며 다른 요소들과 연계되는 중추적 역할로 설정하고 있다.

1 대나무_ Bambous

(출처: Jean-Paul PIGEAT, les jardins du futur, CIPJP, 2000, p.8)

2 해바라기의 논리_ La logique du tournesol

3 나비_ Butterfly

녹색의 환상적 풍경_ **Green phantasy landscape**

(출처: Louisa Jones, Reinventing the Garden, Thames & Hudson, 2002, p.182)

멜리-멜로_ Meli-melo

정원의 공간구조와 연출유형*

3

*연출 유형 시각적 거리와 공간에 대한 인간의 입체시적 특성을 통하여 정원 모습이 전달되므로 공간의 유형을 시각적 공간구성 원칙에 의한 네 가지 유형으로 구분하여 그 의미를 파악하고자 하는데, 비주얼 커뮤니케이션 디자인의 시각적 요소에서는 공간을 '크기에 의한 구분', '원근에 의한 구분', '중첩에 의한 구분', '투명에 의한 구분' 등 네 가지로 유형화 하고 있다 (박선의, 1999, p.57).

크기에 의한 공간 구조

크기를 통해 공간 구조를 나타내는 것은 공간감이나 거리감을 나타낼 때 가장 많이 이용하는 방법의 하나이다. 대부분의 경우 물리적 스케일을 확장한 형태로 연출하여 사람이 인지하는 실상의 규모를 과장하거나 예측 불허의 모습으로 표현함으로써 의외성을 전달하기도 하는데, 구체적 형태의 단일 오브제로 크기를 보여줄 경우 수직적 강조를 통하여 공간 프레임의 중심 구도에 설정하고 이와 연계된 점이나 선과 같은 부가적 요소로 시선의 릴레이를 유도하는 것이 보편적이다.

그러나 추상적인 형태의 오브제를 통하여 공간의 크기를 표현하고자 할 경우 서로 다른 형태를 반복하기보다 같은 형태와 크기가 반복될 때 더욱 효과적임을 알 수 있는데 '풀 뽑는 호미Le sarcloir'의 경우 실제의 규모보다 과장되고 추상화된 형태로 도구에 대한 기능적 의미를 공간 속에서 체험하게 하고 있다. 또한 거대한 기둥들을 수없이 교차함으로써 상대적인 공간 크기의 확장감을 전달하고 공간의 중첩과도 유사한

1 풀 뽑는 호미_ Le sarcloir
2 노벨가르텐_ Nobelgarten

효과를 보여주는데 같은 형태의 반복적 중첩을 통하여 오브제에 대한 이질감을 상쇄하고 공간의 크기와 깊이를 극대화 하고 있다. 한편 피터 라츠가 설계한 '노벨가르텐Nobelgarten'은 나선형 평면 구조 속에 크기에 대한 인식의 반전을 시도한 작품인데, 가까운 것은 커 보이고 멀리 있는 것은 작아 보인다는 시각적 원근의 일반적 논리와 정반대의 오브제를 설치하였다. 나선형 평면의 원경에 위치한 수직적 요소들의 크기를 상대적으로 강조함으로써 시선을 내부 지향적으로 유도하여 재료가 나타내는 조형적인 흐름과 움직임을 쉽게 인지하도록 계획한 것이다.

원근에 의한 공간 구조

원근은 사진과 같은 입면에서 공간의 구체적 실체를 드러나게 만들어 주고 가시화하며 공간의 시각적 재현을 가능하게 하는 과학적 방법인데, 이렇게 인위적으로 공간을 표현하는 방법으로는 직선원근법, 대기원근법, 과장원근법, 다각원근법 등이 있다.

직선원근의 경우 평행선이 계속되면 한 점으로 모아져서 수평선에 위치한 하나의 가상 선에서 만나는 것처럼 비교적 간단한 시각 효과에 의한 공간처리 방법을 말한다. '당신 좋으실 대로… 즐기세요Jouuez... comme il vous plaira'의 작품과 같이 정형적 대칭구도를 형성하며 중심축에 의한 전개 경관을 연출하는 것이 보편적이다. 이러한 경우 시선의 방향과 유도되는 동선이 동일축 상에 형성되어 공간에 대한 직설적 나레이션과 커뮤니케이션이 이루어져 빠른 주제 전달과 전개가 가능하다.

대기원근법의 경우 색채나 명암을 사용하여 공간의 깊이를 나타내는 기법인데, 눈과 대상 간의 공기층이나 빛의 작용 때문에 생기는 색채 및 윤곽의 변화를 포착하여 거리감을 표현하는 것으로 이해하면 되겠다. 작품 '인공낙원Paradis artificiel'의 경우 붉은 계열의 아치가 통로를 이루고 있는데 벌어진 틈 사이로 들어오는 경치와 배경은 빛과 거리에 의하여 변화되어 보인다. 거리가 멀어질수록 윤곽은 흐려지며 붉은색의 채도가 감소되어 배경색에 동화된 푸름마저 보이고 있다.

한편 과장원근법은 과정법이라고 해석하는 것이 좀 더 쉬운 이해를 도울 수 있는데, 시각적 화면에 역동적인 느낌과 의미를 감상자와의 일대일 대응구도로서 전달하고자 하는 것이다. '그것이 진실이 아니라는 것을 알고 있지만, 나는 두 살이었다Je sais que c'est pas vrai mais j'ai 2ans'(2장 76쪽 사진 참조)라는 작품은 2005년도 '정원에 대한 기억Les jardins ont de la mémoire'이라는 주제 하에 전시되었는데, 제목에서 의미하듯이 실제 만들어진 정원의 모습들이 과장되어 있지만, 그것은 두 살의 시선으로 바라본 정원의 거대한 모습에 대한 기억을 표현한 것이다. 따라서 정원의 화단들도 거대하고, 화초들도 관목처럼 커 보이고, 거대한 파라솔의 모습까지 과장하여 감상자와 요소들 간의 일대일 대응을 보여주고 있다.

다각원근법은 큐비즘에서 널리 이용된 기법의 하나인데, 작품 '하나의 정원인 까닭에… Etant donné... un jardin'에 나타난 오브제와 같이 하나의 대상을 여러 각도에서 관찰하였을 때 보이는 다양한 모습을 종합하여 하나의 화면상에 표현하는 것이다. 이러한 경우 시각적으로 여러

1 당신 좋으실 대로… 즐기세요_ Jouuez... comme il vous plaira
2 인공낙원_ Paradis artificiel
(출처: Jean-Paul PIGEAT, Jardinez Comme à Chaumont-sur-loire, Kubik Edi., 2005, p.63)
3 하나의 정원인 까닭에… _ Etant donné... un jardin

각도에서 보이는 완결된 이미지를 보여주기 보다는 주요한 여러 가지 특징들을 조합하여 공간상에 구성적 이미지를 전달하는데 의미를 두기 때문에 다소 주관적이거나 개념적인 주제를 전달하는데 유리하다.

중첩에 의한 공간 구조

공간에서 중첩의 예는 'ㄱ'형의 뒤에 'ㄴ'형이 있으며 'ㄴ'형의 일부가 'ㄱ'형에 숨겨져 보이지 않는 상황을 이야기한다. 따라서 중첩은 다양한 상황의 화면을 만들어 그 요소들 사이에서 전후 깊이의 착각을 느끼게 하는 방법이라 할 수 있다. 중첩에 의한 연출을 할 때 유의해야 할 점은 단일유형의 완결된 모습은 피하는 것이 바람직하다는 점이다.

'아가멤논의 불행la Malédiction d'Agamemnon'과 '교차시키기Transposition'의 경우와 같이 도형적 모티브로 원을 이용하였다는 것은 짐작할 수 있지만 어느 곳에도 원의 완결된 모습은 찾을 수 없다. 또한 이것은 베르타이머의 집단화 법칙에서 인지되는 것과 유사한 것으로, 불완전한 형태들을 조합하여 완전한 형으로 인식되게 하고자 유사한 패턴을 통한 연속성을 강조하고 그 과정 속에 다양한 층위를 조합함으로써 평면 구성적인 공간을 3차원으로 느끼게 하고 수평과 수직적 요소가 교차함으로써 투영되는 공간의 깊이를 전달하고 있다.

한편 또 다른 중첩의 예는 공간의 깊이감을 투시도적으로 전달하는 경우인데 '버드나무 엮기Saules tressés'처럼 유사한 비정형적 요소들의 반복은 어떤 상태에서도 대상을 항상 같은 성질의 것으로 판단하는 항

1 교차시키기_ Transposition
2 아가멤논의 불행_ la Malédiction d'Agamemnon
3 버드나무 엮기_ Saules tressés

상성에 의한 지각 특성을 반영함으로써 공간에 중첩된 요소들의 구체적인 인상을 전달하기보다는 공간의 내면으로 전개를 유도하는 필터나 전이의 역할을 담당하기도 한다.

투명에 의한 공간 구조

투명은 두 개 이상의 요소가 중첩되지만 각각의 요소들이 완결적 형태를 가지고 있으며 동일면상에 존재하는 것으로 느끼지 않게 표현하는 것을 의미한다. 중첩에 의한 공간구조가 미완결적 형태 요소들의 조합을 의미한다면, 투명에 의한 공간구조는 각각의 요소들이 완결된 모습으로 각각의 층위를 형성하는 것이다.

따라서 투명에 의한 공간 구조를 전달하기 위해서는 리듬과 같은 감각적이거나 동적인 변화를 고려하여야 하는데, 색상이나 질감의 리드미컬한 반복이나 어떤 형태의 진행과 같은 연속적인 움직임을 유추하도록 하여야 한다.

'머리를 삼키는 정원Le jardin mange-tête'과 '물수제비를 뜨다Ricochets'를 살펴보면 이러한 리듬과 동세는 운동의 연속성을 모든 요소들이 동시에 나타냄으로써 작정의도를 암시적으로 전달하고 있다. 또 다른 사례로 '골짜기에 대한 추억Dans les replis de la mémoire'의 경우 동일한 오브제를 반복적으로 중첩시킨 듯 하나 각각의 요소들은 서로 다른 표정과 질감으로 그들의 동세를 인지하게 함으로써 공간에 대한 환기와 운율을 표현하고 있다.

머리를 삼키는 정원_ Le jardin mange-tête

골짜기에 대한 추억_ Dans les replis de la mémoire

그러나 '정원의 통로Jardin de passage'와 '정원의 유랑Jardin nomade'과 같은 작품은 자칫 투영되는 소재의 특성으로 인하여 공간구조가 투영되는 것으로 오해를 일으킬 수 있는데 이러한 소재는 단지 투영과 실루엣을 통하여 향후 전개될 공간을 암시하거나 그 이후에 연계되는 대상과의 연속성을 의미한다고 보는 것이 옳을 듯하다.

이와 같이 현대 정원의 작품 성향은 다양한 분야의 수많은 작가들이 형이상학적인 개념을 전개하고 도출하는 과정 속에 그 결과물들을 매끄럽게 연결시키고자 디자인 논리와 디자인 요소를 통하여 개연성을 찾는 것이며, 비시각적 구상에 의한 형태를 눈에 보이도록 구체화하여 공간 속에 만들어가는 것이라 할 수 있다. 따라서 많은 정원들은 시각적으로 인지되는 공간의 형태를 바라보며 체험하는 목적을 수반하며, 그러한 커뮤니케이션을 위한 시각 디자인적 요소를 보여주는 캔버스 역할을 담당하고 있다.

여기에 비추어 '쇼몽'에 나타난 정원의 설계언어는 정의하기 어려운 직관과 기억 그리고 감정에서 유래하는 것이 주를 이루는데, 시각 디자인적 해석은 이러한 개념들을 종합하여 전달하는 역할을 수행하는 동시에 공간의 체험에 대한 심리적 도발과 육체적으로는 느끼지 못하는 감성 디자인의 영역들을 경험하게 함으로써 주관적 예술의 형태에 대한 이해를 유도한다.

1 물수제비를 뜨다_ Ricochets
2 정원의 유랑_ Jardin nomade
3 정원의 통로_ Jardin de passage

04

재료와 소재의 표현과 감성

재료의
활용과
응용

1

정원의 재료와 페스티벌

재료에 대한 시각과 재료의 활용에 대한 이야기는 매우 광범위할 뿐만 아니라 시대에 따라 그 운용의 범위가 크게 달라져왔다. 이러한 현상은 마치 앨빈 토플러Alvin Toffler의 『제 3의 물결The Third Wave』에 나오는 물결의 흐름과도 흡사한데, 시대의 변화를 이끌어 가는 재료와 기술혁명은 긴밀히 연관된 패러다임 속에서 서로 영향을 주고받는 듯하다.

짐작할 수 있듯이 문명의 초기에는 생활환경 주변으로부터 손쉽게 구할 수 있는 재료들이 주로 활용되었고, 그 후 연금술의 발달에 의하여 자연 재료로부터 특정한 물질을 추출하여 가공하거나 원료의 합성에 의한 새로운 재료의 발견과 발명이 있었고, 산업혁명을 거치며 과학과 기술의 개발에 따라 다양한 화학재료들이 등장하였다. 그리고 최근에는 자원의 고갈과 환경 위기에 대한 문제점을 자각하게 되면서 재활용이나 재생기술에 의한 재료들이 점차 주목을 받고 있다. 물론 여기에서 재료의 변천사를 언급하고자 하는 것은 아니다. 우리의 관심은 정원에 적용되는 다양한 재료들에 대한 디자인 혹은 미학적 관점에서의 고찰을 통해 색다른 재료의 활용 가능성을 엿보는 것이다.

현대 미술과 관련 분야에서 재료에 대하여 구체적인 의미를 부여하게 된 계기는 2차 대전 이후 산업사회의 병폐, 즉 모더니즘의 문제점을 지적하면서 나타났다고 한다. 즉 사물에 대한 모더니즘의 총체적 가치가 획일성을 강조하며 개별성을 억누른 데 있는 것으로 인식하고, 모더니즘을 벗어나고 극복하기 위한 방향을 총체성의 분해로 설정하여, 모더니즘의 총체적 가치를 깨기 위한 한 방편으로 재료와 그것의 물성에 대한 본격적인 의미 부여와 미학적 가치에 대한 고찰이 시작되었다는 것이다.

한편, 정원과 관련된 재료에 대한 역사적 고찰이나 그에 따른 미학적 관점에 대한 연구가 뚜렷하게 촉발된 사례는 찾아보기 쉽지 않다. 따라서 우리는 정원을 총체적 공간디자인 혹은 환경예술 영역의 한 부분이라는 관점으로 바라보며 유추하는 것이 적절할 듯한데, 이와 연계된 조형미술과 건축에 나타나는 재료의 표현과 적용과정을 살펴본다면 어렵지 않게 정원의 재료 또한 미술사조에 따른 흐름과 경향에 직·간접적 영향을 받았음을 짐작할 수 있겠다.

정원에 도입되는 다양한 재료는 공간을 구성해주는 물성을 가지며 정원의 구체적인 형태를 구성하여 시각적으로 인지되며 아울러 정원이 필요로 하는 기능을 해결해주는 역할을 수행한다. 그리고 여기에서 나아가 디자이너의 창의적 발상과 독창적인 정체성을 단적으로 드러내는 심미적 표현요소로서의 기능도 담당하고 있다. 이러한 예들을 우리는 세계 곳곳에서 개최되고 있는 가든 페스티벌에서 발견할 수 있는데, 특히 현대 정원의 다양성을 엿볼 수 있는 쇼몽 가든 페스티벌은 주제의 효과적인 전달과 표현을 위하여 일상에서 흔히 발견할 수 있는 재료를 과감히 변형하거나, 새로운 재료들에 대한 실험을 적극적으로 시도한 사례들을 어렵지 않게 확인할 수 있다. 특히 발상의 전환에 따른 독특한 표현을 연출하기 위해 색다른 재료가 적용된 경우를 다수 살펴볼 수 있다.

때로는 보편적인 재료들을 기상천외하게 적용하여 그 실현성에 의문을 품게 하는 사례들도 포함되어 있지만 디자이너의 의도를 적절히 표현하고 감상자들에게 신선한 충격과 감흥을 전달하는 다양한 재료의 표현방식은 색다른 정원 감상의 묘미를 느끼게 하고, 실험 예술의 일면을 보여준다는 점에서 무척 긍정적이다.

이번 장에서는 쇼몽의 정원에서 활용된 재료의 변형과 특징에 대한 매듭을 하나하나 풀어봄으로써 재료의 질감과 조합에 스며 있는 감성을 맛보고자 한다.

전통적 재료와 진보적 재료

전통이라는 단어를 염두에 두고 정원에서 보편적으로 발견할 수 있는

다도해_ L'archipel

재료들을 떠올려보자. '녹색이 가득 찬 공간을 식물 소재가 점령하고 있고, 청각적 흥미를 유도하는 물줄기나 자그마한 수반이 한켠에 꾸며져 있고, 그 주변에는 자연스러운 바위들이 널려 있고, 습기를 머금은 자갈과 우드칩들이 산책로를 덮고 있으며 목재 울타리가 정원을 둘러싸고 있는 모습이 떠오르지 않는지.' 사실 이런 광경은 동·서양을 막론하고 우리가 흔히 보아온 정원의 모습과 크게 다르지 않다. 식물을 중심으로 한 자연 소재와 적당히 가공된 목재와 석재, 금속들이 정원의 전통적인 주요 재료인 것이다.

하지만, 현대에 들어서며 유리, 섬유, 플라스틱과 같이 인위적인 가공과 변형이 가해진 합성소재가 정원에 다수 등장하고 있으며, 새로운 재료들에 대한 끊임없는 실험들이 벌어지고 있어 재료에 대한 호기심은 날로 증가하는 추세이다.

여기서는 설계자의 의도에 따라 나타나는 다양한 재료들의 의미와 감흥 그리고 물성이 전달하는 미학적 감성 등을 구체적인 사례를 통하여 파악해보고자 하며, 궁극적으로는 다양한 소재들의 적절한 조합과 표현방법을 살펴봄으로써 정원의 스토리를 전달하는 매개체 혹은 전달자로서의 재료를 해석해보고자 한다.

쇼몽 정원의 사례를 살펴보면 재료와 관련하여 몇 가지 특징을 발견할 수 있는데, 우선 재료가 가진 근원적 속성을 바탕으로 다양한 표

사람들이 말하기를_ On aurait dit que

현을 유도하는 부류가 있고, 재료가 가진 표면 질감이 우선적으로 우리의 감각기관에 의미를 전달하고 여기에 더하여 유추적 해석을 동원해야 하는 부류도 있다. 또 재료들의 비물질적 특성을 통하여 미디어적 의미 전달의 수단으로 활용하는 경우도 엿볼 수 있다.

작품 '사람들이 말하기를On aurait dit que'에서는 재료들의 수식 없는 질감을 거침없이 보여주고 있는데 마치 잡동사니들을 전시하듯 생활 주변에서 볼 수 있는 다양한 재료들이 무성의하리만큼 솔직하게 배열되어 서로 다른 질감의 특성과 대비를 보여주고 있다.

석재, 돌과 흙의 활용

석재는 예로부터 강인함과 견고함 그리고 차가운 인상을 전해주는 재료이다. 주로 재료가 가지는 특유의 표면 질감을 활용한 경우가 많은데 표면을 연마하여 거울과 같은 미끈한 광택을 내기도 하며, 두드림 과정을 거쳐 부정형적인 표면 특성을 강조하는 경우도 흔히 발견할 수 있다. 물론 그에 못지않게 날것과 같은 재료의 미가공성을 활용하여 다듬어지지 않은 거친 매력을 시각적 자극으로 전달하기도 한다. 한 예로 비록 가공되기는 하였지만 '종자에 대한 자각Graine de Conscience'은 보편적으로 사용하는 석재 단위조각들을 표면 질감이 보이도록 쌓음으로서 솔직한 단면의 모습을 드러내는데, 마치 숨기거나 위선적이지 않은 가난한 자들의 미학을 전달하려는 의도와 함께 재료에 대한 고전적 표현을 이행하는 듯하다.

'네벨가르텐Nebelgarten'(3장 129, 4장 153, 187쪽 사진 참조)의 경우는 조금 다르게 해석할 수도 있는데, 비록 표면이 가공된 판재이기는 하나 오히려 그 자체를 가공되지 않은 재료의 원형으로 바라볼 수도 있다. 조금 더 수식을 한다면 막 구입한 판재에 아무런 기교나 장식을 가하지 않은 상태로 소용돌이의 방향성을 보여주는 폐허 속의 움직임으로 해석할 수도 있는 것이다.

한편, 재료를 차곡차곡 쌓아 골격에 대한 구조적 모습을 숨기지 않고 그대로 드러내어 솔직함을 강조한 예도 있다. '스콜라학파의 혼란스러움Scolastique-chaotique'의 경우 우리 주변에서 흔히 발견할 수 있는 돌쌓기를 활용한 것인데 자연스러운 석재의 축조 방식을 통하여 구조미와 함께 위요된 공간을 한정 짓고 있다.

자연의 재료에 시간을 더하여 바라보면 동일한 재료에 대한 운용의 범위가 넓어짐을 알 수 있다. 자연에 노출된 암석은 공기와 물 그리고 동식물에 의하여 풍화작용을 겪게 되고 가루가 되며 결국 오랜 시간을 거쳐 자연스럽게 흙으로 돌아가는데, 이들은 동일하거나 유사한 성분을 가지고 있으나 분명히 다른 재료로서 그 의미를 가진다. 즉 자연과 환경이 디자인한 서로 다른 결과물인 것이다. 여기에 더하여 쇼몽의 정원을 만든 이들은 또 다른 창의성을 추가하였다.

'빨강을 보아라Voir Rouge'는 작품의 제목과 같이 빨강을 모티브로 하여 동일한 재료의 다양한 크기 변형을 통한 질감을 전달하고자 하였

빨강을 보아라_ **Voir Rouge**

다. 세포 분열과 같이 수없이 반복된 석재들은 그들의 고유한 질감과 변형된 색감을 동시에 간직하며, 주제를 돕기 위한 조연으로 사용되었고 이와 관련된 또 다른 빨강 입자는 마치 캔버스와 같은 지면의 포장재로 등장하고 있다.

점토나 흙이 전달하는 풋풋함을 잘 보여주는 작품을 들자면 '완전무결함Le Parfait'과 '정원에서 좋은 역할 분담Le jardin bien partagé'을 꼽을 수 있다. 전자의 경우 외부공간에 드러난 주방과 식당의 모습을 지역성을 표현하는 거친 토벽의 질감으로 표현하고 그 벽 사이사이에 숙성된 먹음직한 식자재들을 장식적으로 삽입하여 특유의 환경적 정서에 대한 설명을 토벽과 함께 솔직히 전달하고 있다. 후자인 '정원에서 좋은 역할 분담'은 서로 다른 두 가지 환경을 설명하기 위하여 각기 다른 질감의 재료로 바닥을 처리하여 재료의 질감과 물성의 대비를 꾀하고 있다. 자연생태계에서 물의 순환을 보여주기 위한 곳에는 원시적 감성이 강렬한 붉은 황토를 이용하여 경작지를 표현하였고, 그러한 흐름을 가로지르는 현대적인 동선을 암시하는 판석에는 석재와 유리를 혼합한 정갈한 마감처리로 대비적인 효과를 높였다.

한편, 흙이나 점토와는 달리 석재나 돌의 파괴 혹은 분쇄에 의하여 재질의 감성을 보여주는 경우도 있다. 일반적으로 석재의 강도는 유리 등 다른 재료에 비하여 강하기 때문에 파괴에 의한 결과물들이 거친 느낌을 잘 전달해주며, 입자의 크기를 의도적으로 조작할 수 있는 장

1 종자에 대한 자각_ Graine de Conscience
2 완전무결함_ le Parfait
3 스피나스파차_ Spinaspacca
4 스콜라학파의 혼란스러움_ Scolastique-chaotique
5 네벨가르텐_ Nebelgarten

정원에서 좋은 역할 분담_ Le jardin bien partagé

점을 지닌다. '동양적인 정원Le jardin oriental'(1장 53쪽 사진 참조)의 경우 십자형 수로가 있는 이슬람 정원의 한 유형을 보여주고 있는데, 파괴된 판재의 투박한 질감은 수로의 이미지와 유연한 물의 흐름을 더욱 돋보이게 만들어 주는 배경이 되고 있다. 이와 유사한 질감 대비는 작품 '스피나스파차Spinaspacca'에서도 볼 수 있다.

나무와 목재를 이용한 디자인

자연적 물성을 가장 잘 표현할 수 있는 재료를 꼽자면 당연히 목재가 그 우위를 차지할 것이다. 일반적으로 나무하면 떠오르는 가장 큰 이미지는 교목에서 연상되는 수직적 웅장함과 숲과 같은 군집이라 할 수 있는데, 작품 '불 이야기Fire stories'는 이런 나무의 특징을 이용하여 호주 원시 경관에 대한 이상향을 표현하고 있다. 인간에 의해 점점 사라져 가는 자연에 대한 안타까움과 예전 모습에 대한 그리움을 암시하듯 불에 그을린 앙상한 교목을 수직적으로 보여주고 있는 것이다.

한편 또 다른 나무의 특성을 디자인에 응용한다면 대나무와 같은 재료에서 엿볼 수 있는 탄성과 유연함이 있을 것이고, 목재 나이테의 단면에서 발견할 수 있는 시간의 추이, 그리고 수피 특성에 따른 표면 질감 등이 그 범위에 든다 하겠다.

작품 '북유럽의 꿈Nordic Dreams'의 경우 북부 유럽의 소나무 숲에서 접할 수 있는 순박한 자연과 화려하지 않은 하늘을 위요된 공간 안에 담고자 하였는데, 그러한 공간의 서언으로 진입부에 축조된 목재의 단면을 보여주고 있다.

그런가하면, 건축적으로 접근하게 되는 벽과 공간에 대한 의미를 자연과 친근한 공간으로 꾸미기 위해 노력한 '두 개의 사이Entre 2'에서 찾을 수 있다. 자작나무를 이용한 늘어지는 걸개는 눈에 보이기는 하지만 서로 다른 영역의 공간을 암시하며 한정하고 있으며 그 내부에 동일한 소재로 해먹과 벤치를 추가하여 수수한 자연 재료의 모습을 전달한다. 정원 사이사이를 돌아다니며 감상하다 보면 어느덧 자작나무의 하얀 수피와 그 사이로 숨어드는 햇살과 풍경에 자연적 삶을 추구하는 인간의 욕망을 느끼기도 하지만 마음 한 편에는 가공된 자연과 동경하는 자연, 즉 '두 개의 사이'에 대한 주제를 고민하게 된다.

때로는 자연 소재의 모습을 장식 없이 표현한 사례도 발견할 수 있다. 2011년의 작품 '투명한 유충La transparence du ver'은 정원의 모습과 자연에 대한 감성을 유충에 비유하였는데 작가가 유도하는 것은 유충이 땅의 표면을 스칠 때 느낄 법한 땅에 대한 질감을 피부로 한번 느껴보자는 것이다. 이를 위해 공간의 체험 동선은 점차 지면에서 땅속으로 들어가게 되어 있으며 지면과 감상자의 시선이 수평선상에 이르게 되면 그곳에는 자연의 감상을 위한 장치들이 설치되어 있는데 이곳에 사용한 나무의 모습들은 마치 금방이라도 나무를 주워 조합한 듯한 편안함을 전해준다.

1-2 불 이야기_ Fire stories
3 비옥하게 자란 구근류_ Les bulbes fertiles

1
2

1 북유럽의 꿈_ Nordic Dreams
2 두 개의 사이_ Entre 2
3-4 투명한 유충_ La transparence du ver

나누어진 영역_ Un champ partagé

한편 작품 '나누어진 영역Un champ partagé'은 목재 활용의 또 다른 묘미를 맛볼 수 있다. 목재의 단면을 바닥재로 활용하여 마치 타일과 같은 느낌을 제공하는데 의외성과 사고의 반전을 통하여 감상자들에게 흥미를 전달해주고 있는 것이다.

자연에서의 금속

철강과 비철금속으로 구분되는 금속 재료는 조형에 유리한 장점이 있어 과거로부터 다양한 생활도구와 공예재료로 널리 사용되었으며, 산업시대를 거치며 정원을 구성하는 주요 재료로도 등장하고 있다.

정원에서 활용되는 금속재료는 주로 장식을 가하거나 특정한 오브제의 조형적 형태를 완성하기 위한 재료로 이용되는 것이 보편적이었으나, 현대에 접어들어 금속의 물성 자체를 활용하여 시간적 변화에 따른 재료의 변성을 보여주기도 하고 가공이나 도색에 의한 표면 특성을 전달하는 재료로도 널리 활용되고 있다.

작품 '잃어버린 모퉁이Le coin oublié'는 포장 재료로서 외부환경에서 산화되어가는 금속의 자연스러운 변화를 솔직하게 표현하고 식물과 대비를 이루게 하여 주제 전달의 매개체로 이용하고 있는데, 이는 시간의 흐름에 따라 변화하는 정원의 단편을 보여주려는 의도이다. 또 다른 작품 '깡통에 대한 기억La mémoire des cannettes'은 이러한 금속의 자연스러운 변화를 솔직하게 표현함과 동시에 활용되고 난 이후 폐품으로 전

1-2 깡통에 대한 기억_ La mémoire des cannettes
3 잃어버린 모퉁이_ Le coin oublié
4 레 퀴이에_ Les Kuijers

촉감에 대한 기억_ Mémoire tactile

락한 깡통들을 통하여 자원 재생의 중요성을 환기시키고 있다. 또 다른 활용으로는 금속 표면의 반사적 특성을 잘 보여주는 '레 퀴이에Les Kuijers'인데 관람자들로 하여금 잔디 밑 땅속의 그늘진 곳으로부터 반사된 빛을 통하여 존재를 인식하게 하고 그 후 빛의 역동적인 움직임을 숟가락을 통하여 보여줌으로써 금속 표면을 통한 빛의 반응을 주제 전달에 효과적으로 활용하고 있다.

한편, 금속의 또 다른 매력은 어떤 모양이든 의도에 따라 만들 수 있는 다양한 공정방법이라 할 수 있는데, 작품 '움직이는 것과 덩굴Mobile et volubile'은 덩굴성 식물의 움직임을 유도하거나 야생화와 같은 자연스러운 흐름을 연출하는 데 금속의 특성이 활용되었다. 또 '촉감에 대한 기억Mémoire tactile'은 동선의 흐름을 유도하는 유선형의 아름다움을 금속을 통해 표현하고 있다. 이러한 구조물들은 식물과 금속의 이질적인 대비 효과를 통하여 공간을 구획하며 동시에 랜드마크적인 기능 또한 내포하고 있다.

유리를 통한 투영과 반영

현대의 정원에서 자주 언급되는 주요 어휘 중의 하나는 '투영'과 '반사' 혹은 '반영'을 들 수 있는데 설계가들이 자신들의 의도를 구체적이기보다는 추상적으로 표현하기를 바라거나, 다층적 복선구도를 통하여 좀 더 개념적이며 철학적으로 감성을 표현하고자 하기 때문이 아닐까 싶다. 아마도 이런 경향 때문에 유리와 같이 투명성을 가지거나, 빛의 반사를 이용하기에 적합하고, 반영에 의하여 물상의 직설적 혹은 은유적 표현이 가능한 거울과 같은 재료가 정원에 자주 등장하는 듯하다.

유리는 이중성을 가진 재료이다. 보이는 것과 그렇지 않은 것에 대한 차별적 인상을 만들어 주기도 하며, 시각적으로는 개방되어 있지만 벽 사이의 공간을 안과 밖으로 한정하기도 하고, 표면의 질감과 착색 재료에 의해 실제와 다른 모습을 보여주기도 한다. 또 투과하는 빛의 양을 조절하고 조작함으로써 설계가의 의도적 연출도 가능하다. 아울러 유리와 같이 투명성을 가진 재료들은 비닐이나 플라스틱과 같은 합성수지로까지 확대되어 일회적이며 한시적인 정원 페스티벌의 연출에 빈번하게 등장하고 있다.

작품 '거울의 정원Le jardin des miroirs'을 보면 자칫 소홀히 지나칠 수 있는 가냘픈 야생화의 표정을 거울의 각도를 이용하여 최대한 부각시키고 있는데, 마치 정원의 평면도를 입체적으로 보는 듯한 효과를 연출하고 있다. '골짜기에 대한 추억Dans les replis de la mémoire' 또한 거울의 반사를 통하여 구름과 같이 공중에 부유하는 지피식물 조각들에 대한 색다른 관찰의 방법과 모습을 보여주고 있다.

투명성 재료가 하나의 벽으로서 공간을 구분 짓는 사례는 작품 '물줄기Au fil de l'eau'를 예로 들 수 있는데 이곳에서 정원을 지배하는 것은 강물과 같은 물줄기이며 그 연출을 도와주는 요소는 유리벽으로 만들어진 수조이다. 여기에서 유리의 역할은 물의 흐름을 표현하기 위한

거울의 정원_ Le jardin des miroirs

물줄기_ Au fil de l'eau

골짜기에 대한 추억_ Dans les replis de la mémoire

하나의 정원인 까닭에…_ Etant donné… un jardin

1 어여쁜 것, 만약 장미라면 보러 가자_ Mignonne, allons voir si la rosée
2-3 공간의 공간_ Espace d'espaces

그릇의 기능을 수행하는 것과 동시에 시각적으로는 개방되어 있으나 정원을 두 개의 영역으로 구분해주는 분리의 기능을 담당하고 있다. 그러나 이와는 반대로 공간을 구분하거나 경계 짓는 것이 아니라 무한의 영역을 표현하고자 거울을 이용한 사례가 있는데, 바로 작품 '하나의 정원인 까닭에Etant donné... un jardin'라 하겠다.

한편, 유리와 같은 고형 재료의 파괴를 통한 형태의 변형은 본래의 표면 질감이 전달하는 효과와 전혀 다른 감성을 전달할 수 있다. 유리의 파괴는 그 변형된 모듈의 크기에 따라 때로는 모래와 같은 부드러운 감성을 전달하기도 하고, 때로는 파괴된 조각들이 가지는 각기 다른 반사각과 빛의 굴절에 의하여 채광 효과를 다양하고 섬세하게 보여주기도 한다. 그 예로 작품 '어여쁜 것, 만약 장미라면 보러 가자Mignonne, allons voir si la rosée'의 경우 파란색 유리조각은 블루 카펫과 같은 부드러움과 뉴에이지적인 감성을 전달하여 동선을 유도하고 있고, '공간의 공간Espace d'espaces'은 햇살에 비치는 잔잔한 수면의 효과를 제공하여 조각배가 떠있는 바다와 같은 심상을 전해준다.

섬유의 특성

쇼몽의 정원에서는 섬유 또한 빈번하게 이용되고 있다. 섬유가 가진 재료적 속성은 매우 다양하여 일상생활에서도 널리 사용되고 있는데, 특정한 구조에 덧씌워져 손쉽게 의도하는 형상을 만들거나 연출할 수 있으며, 유연성이나 부드러움을 표현하는데도 효과적이다. 또한 자체의 질감과 더불어 흡수성을 가진 다양한 색감을 표현할 수 있는 특징도 지니고 있다. 때문에 섬유는 우리가 건축적으로 이용하는 모든 재료의 응용할 수 있는 가능성과 잠재력을 지닌 재료라 하겠다.

그러므로 정원에서 섬유는 투영성을 표현할 때 활용되기도 하고, 가벼운 움직임을 전달하거나 방향성을 만들어주는 지표로 이용되기도 하고, 공간을 구분 짓는 벽의 역할로 등장하기도 하며, 조형적 형태를 보여주는 외피로서도 활용되고 있고, 물을 흡수하는 리트머스와 같은 은유적 매체로서 쓰이기도 한다.

'생태적 다양성을 찬양하고 직조해보자 Célébrons et tissons la (bio)diversité'를 보면, 섬유 자체에 대한 물성보다는 경사와 위사를 교차하여 직물을 만들어가는 과정이나 조각 천들을 조합하여 만들어진 또 다른 창조물을 환경에 은유적으로 빗대어 설명하고 있다. 마치 의복이 다양한 섬유로부터 추출된 재료들의 조합으로 이루어진 것처럼, 생태적 다양성 또한 의복과 같은 조합을 이루어 환경의 피복 역할을 담당하고 있다는 것을 보여주고자 한 것이다. 따라서 정원의 하늘을 덮은 모자이크 섬유 조각들은 환경에 대한 의복을 암시하며, 그 안의 패턴과 색감은 지면에 그대로 투영되어 정원에 식재된 80여 종의 식물들과 교감하고 있다는 것을 전달하고 있다. 작가는 여기에서 생태라는 주제를 조금 더 시적이고, 유희적인 행복감을 주는 설계언어로 풀어나가기 위하여

생태적 다양성을 찬양하고 직조해보자_ Célébrons et tissons la [bio]diversité

1 하늘과 땅 사이_ Entre ciel et terre
2 다른 곳으로부터_ Ailleurs
3 너울 속의 바람_ Du vent dans les voiles

가볍고 친근한 재료를 생활 속에서 찾은 것이다.

또 다른 작품 '하늘과 땅 사이Entre ciel et terre'는 중국 조경학계의 거장 왕시앙롱Wang Xiangrong이 디자인하였는데 중국 정원에 내재되어 있는 철학적 사고에 대한 묵시적 체험을 보여주고자 하였다. 수직적으로 늘어트린 섬유 조각들이 마치 공간의 층위를 여러 겹으로 구분 지은 듯 도열되어 있고, 바람에 따른 그들의 흔들림은 자그마한 종소리와 함께 부유하듯 하늘과 연결되어 은유적으로 표현되었다. 이처럼 부드러운 섬유의 움직임은 심상을 동요시키는 데 부족함이 없는 듯하다.

한편, 섬유의 또 다른 유연성을 직접적으로 체험하며 즐길 수 있는 사례는 '너울 속의 바람Du vent dans les voiles'에서도 찾을 수 있다. 이 작품은 섬유의 탄성을 최대한 설계 의도 속에 반영하여 표현하였는데 2007년의 주제 '움직이는 것들Mobiles'에 대한 직설적 표현이기도 하다. 해먹처럼 늘어진 섬유에 몸을 맡기고 그들과 동화된 움직임을 통하여 바람의 효과를 스스로 만들어가며 체험하도록 유도하고 있으며, 보는 이들에게는 시각적 움직임을 통하여 바람을 느끼게 하는 놀이의 공간이자 정원이다. 이외에 섬유가 구조적 외형으로 응용된 사례로는 마치 한 마리의 곤충이 꽃잎 속을 탐험하는 것과 같은 공간을 연출한 '초원에서 놀이의 법칙Jeu de rôle dans une prairie'(2장 95쪽 사진 참조)과 사막의 모래언덕을 형상화하여 그 뜨거운 공간적 열정을 표현한 '다른 곳으로부터Ailleurs'를 들 수 있을 것이다.

소재의 발견과 해석

2

소재로서의 물과 물성

정원 디자인에서 어느 정도 개념이 잡히고 구상이 전개되어 공간의 골격에 대한 윤곽이 드러나게 되면, 그 다음으로 집중하는 것이 소재의 적용과 연출이다. 앞장에서 재료에 대하여 여러 이야기를 하였지만, 재료와 소재는 엄연히 구분된다. 재료가 무엇인가를 구체화하기 위한 하나의 수단이며 도구라고 한다면, 소재는 디자이너의 개념을 전달하기 위한 주제거리이거나 개념에 직·간접적인 영향을 미치는 조연에 해당한다고 볼 수 있는데 어떻게 보면 소재는 재료에 선행한 상위의 의미로 바라볼 수도 있다.

따라서 디자인에서 소재를 찾아가고 발견하는 작업은 충분히 개념적이며 추상적으로 접근되는 것이 일반적이며, 그 선택 여부에 따라 디자인의 성공 여부가 판단되기도 한다.

정원에서 가장 빈번하게 사용되는 소재로는 식물 소재와 물을 들 수 있으며, 예술적 의미를 표현하기 위하여 보편적으로 이용되는 재료에 심미적 의미를 부여하여 새로운 소재를 만들기도 하고, 또 다른 연출의 방법에 의하여 재료가 가진 자체적 물성 이상의 의미를 나타내기도 하는데, 쇼몽의 정원에서는 어떤 방법으로 소재가 표현되어 차별적 의미를 전달하고 있는지 살펴보자.

물은 정원에서 가장 쉽게 발견할 수 있는 물리적 설계요소이다. 대부분 물은 경관에 있어서 순수한 미적 요소로 인식되지만 정원에서는 미적인 요소와 기능적인 요소가 복합적으로 어우러진 구성요소로 활용되고 있다.

물이 정원에 이용된 것은 동·서양을 막론하고 고대정원의 원형에서부터 그 유래를 짐작하고 발견할 수 있다. 물이 가진 속성이 자연과 인간의 생명 및 삶을 지탱하는 필수불가결한 요소이기 때문이다. 동시에 물은 정원에 도입된 모든 설계 요소들 가운데 가장 매혹적이며 흥미로운 존재이기도 하다. 또한, 물은 그 자체로서 존재할 때보다 사용 주체나 사용 대상에 따라 다의성을 가지는 특징도 있으며, 문화행위의 결과에 따라 형이상학적 공간을 창출할 가능성도 갖고 있다.

현대 정원에서 이러한 물이 이용되는 모습 또한 점차 변화하고 있는데, 자연환경과 공생적 관계에서 독립적인 요소로 활용되기도 하고, 수평적이며 소극적 모습에서 수직적 우세요소로 정원의 주인공 역할을 하기도 한다. 단순한 실용적 쓰임을 넘어 점차 장식적인 모습을 가지게 된 것 역시 새로운 변화의 한 단편이다. 물이 가지는 일반적인 물성에 근거하여 특수한 형태들을 반영하기 시작하면서 나타난 변화들인데, 자연에서 발견할 수 있는 연못, 호수, 온천수, 개울이나 계곡, 눈이나 비, 폭포와 같은 형태들은 '고여 있는 물', '분출되는 물', '떨어지는 물', '흐르는 물' 등으로 유형화되어 공간에서 재연 혹은 재현되고 있다.

고여 있는 물의 표현과 감성

호수나 바다와 같이 고여 있는 상태의 물은 대체적으로 정적인 이미지를 전달하며 차분히 가라앉은 분위기와 안정된 느낌을 만들어준다. 거울처럼 맑고 잔잔한 수면에 대한 표현은 문학에서도 자주 등장하며, 건축이나 구조적 형태의 오브제 그리고 옥외 오픈스페이스에서도 주변 환경을 보여주기 위한 표현기법으로 물의 투영 효과가 곧잘 사용되곤 한다. 그 자체의 모습과 주변 경관을 물에 투영시킴으로써 미적 가치를 표현하고자 하는 것이다.

쇼몽에서 고여 있는 물의 투영 효과를 잘 보여준 사례는 '물의 트라이 앵글Triangle d'eau'인데 수조 위의 수직적 그림의 이미지를 수면에 투영시켜 고요하고 정적인 파장 속에서 육체의 실루엣을 보여주고 있다. 정원의 작정의도에 비추어 볼 때 교토에서 성장한 작가의 유년에 대한 추억을 모티브로 정원을 구성하였는데, 고요한 물의 표면은 교토의 역

물의 트라이 앵글_ Triangle d'eau

물의 집단 경기_ **Un carrousel d'eau**

사적 정취와 고요함을 나타내는 공간적 배경임과 동시에 정원이 조성된 주변 환경을 완벽히 비추어내는 거울 역할을 담당하고 있고, 간간히 불어오는 바람에 의하여 그 이미지들은 흔들리는 잔상으로 전달되고 있다. 이 수조의 레벨은 보행자의 눈높이와 높이를 맞추어 수면의 수평구도를 더욱 잘 감상할 수 있도록 구성되어 있는데, 이는 교토를 근간으로 한 고산수식 일본정원을 근경에서 관찰하기 위한 감상법과 유사하게 닮아있다.

한편, 이렇게 면의 형태로 표현되는 것은 고여 있는 물의 실체를 보여주는 가장 기본적인 형태라고 할 수 있는데, 수면의 투영 효과뿐만 아니라 공간의 장field과 같은 성격으로 오픈스페이스와 유사한 역할을 제공하기도 한다. 즉 레크리에이션과 같은 유희를 위한 활동 영역으로 구성되기도 하고, 투시도의 역할과 같은 시각적 커뮤니케이션의 수단으로 기능하기도 하는 것이다.

'좀개구리밥Lemna Minor'과 같은 작품은 수면 위에 부유하는 개구리밥을 정형적으로 구획된 틀 안에 정렬시킴으로써 시각적 의미를 부여하고자 하였는데, 기하학적으로 면적인 공간을 세분화함으로써 감성의 규모를 축소하려는 의도가 엿보이기도 하며 시각적 비스타vista를 통하여 작은 공간에서 투시에 의한 깊이감을 유도하는 듯하다.

이와 같이 고인 물의 형태는 물을 담아두는 수조의 형태에 따라 외형을 갖추게 되고, 자연적이든 인위적이든 간에 외부의 힘과 작용에

1 좀개구리밥_ **Lemna minor**
(출처: Jean-Paul PIGEAT, Jardinez Comme à Chaumont-sur-loire, Kubik Edi., 2005, p.82)
2 물동이의 캐스케이드_ **La cascade de seaux**
(출처: Jean-Paul PIGEAT, les jardins du futur, CIPJP, 2000, p.32)

의하여 표면의 움직임을 표현할 수 있다. 예를 들어, 1996년의 작품 '물의 집단 경기Un carrousel d'eau'는 외부간섭에 의한 수면의 다양한 움직임을 재미있게 표현하였다. 구획된 수조는 마치 경마장의 각기 다른 코스를 연상시키는데, 데크 난간에 설치된 조작 기구를 작동함으로써 수평공간의 평온한 물은 다양한 움직임과 형태를 유발하며 이 모습은 하나의 거대한 캔버스 속에 다양한 물의 모습이 경기하는 듯하다.

흐르는 물과 떨어지는 물

지형이나 어떠한 사면이 경사도를 가질 때 물은 흐름을 갖게 되고 마치 점이 연결되어 선을 이루는 것처럼 그 흐름은 연속된 선으로 표현되는 운동성을 가진다. 흐르는 물의 모습은 고여 있는 물과는 달리 작은 개울이나 흘러가는 강과 같은 역동적인 풍부함을 전달할 수 있는데, 그 물의 다양한 표정은 유속, 유량, 폭과 깊이, 경사도 등에 따라 달라진다. 또 바닥면의 요철이나 포장재료, 호안의 형태 등에 의하여 변하기도 한다. 그러므로 흐르는 물을 이용하면 시각적 요소로서 의미전달을 행할 뿐만 아니라 청각적인 요소로서 물소리의 청명한 요동감을 느끼게 할 수도 있다. '물동이의 캐스케이드La cascade de seaux'를 보면 계단과 같은 경사면을 따라 흐르는 정직하고 소박한 물이 녹색의 자연과 함께 넘쳐나며, '살아 있는 수반Vasques vives'의 경우에는 흐르고 떨어지는 물의 본질에 동화되어 신비로운 형태의 수반 또한 동일한 움직임으로 흘러내린다.

살아 있는 수반_ Vasques vives

물의 벽_ Un Mur d'eau

한편, 떨어지는 물은 입체적이다. 떨어지는 물의 모습은 물의 양, 낙차 높이, 마찰 면의 상태, 빛의 반사 그리고 바람의 변화 등 기후인자에 따라 다양한 변화를 보여주므로 흐르는 물에 비하여 역동적이라 할 수 있다. 떨어지는 물의 낙차 간격을 이용한다면 시간적 의미와 리듬감을 용이하게 표현할 수도 있을 것이다.

물의 형태를 통한 주제의 전달

빨강과 녹색_ **Le rouge et le vert**
(출처: Jean-Paul PIGEAT, Jardinez Comme à Chaumont-sur-loire, Kubik Edi., 2005, p.84)

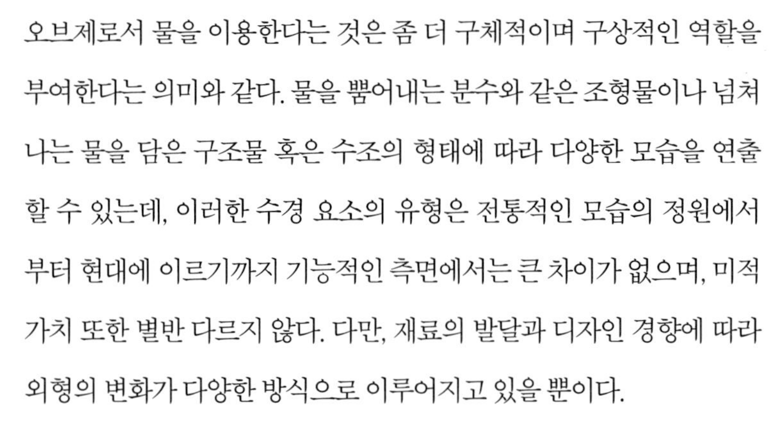

오브제로서 물을 이용한다는 것은 좀 더 구체적이며 구상적인 역할을 부여한다는 의미와 같다. 물을 뿜어내는 분수와 같은 조형물이나 넘쳐나는 물을 담은 구조물 혹은 수조의 형태에 따라 다양한 모습을 연출할 수 있는데, 이러한 수경 요소의 유형은 전통적인 모습의 정원에서부터 현대에 이르기까지 기능적인 측면에서는 큰 차이가 없으며, 미적 가치 또한 별반 다르지 않다. 다만, 재료의 발달과 디자인 경향에 따라 외형의 변화가 다양한 방식으로 이루어지고 있을 뿐이다.

물의 기본적인 형태는 위에서부터 아래로 흘러내리는 자연스러운 계류와 같이 연속성을 가지는 것과 자연적 순리와는 상관없이 외부의 작용에 의하여 움직이는 확산적 형태로 구분할 수 있다.

쇼몽의 정원에서 연속적 형태로 표현되는 물의 유형은 수평적으로 연출되는 것과 수직적으로 연출되는 두 가지의 모습을 보이는데, '물의 트라이앵글Triangle d'eau'과 '빨강과 녹색Le rouge et le vert'의 경우 한정된 수조 안에서 수평적 연속성을 보이는 반면, '물의 벽Un mur d'eau'의 경우

1 네벨가르텐_ Nebelgarten
2 살아 있는 예술 위의 물 수제비_ Ricochets sur l'art de vivre

벽의 표면을 통하여 커튼과 같은 수직적 흐름을 보여주는데 흐르는 면의 특성에 따라 빛에 의한 투사라든지 표면 질감의 변화에 따라 흐름의 연출 효과와 방법이 달라짐을 알 수 있다. 여기에서 주목할 점은 수평적 흐름의 물은 주변 요소와 상관성을 가지며 표면을 통하여 이차적인 의미 혹은 내재한 설계의도를 부여한다는 점이다. '물의 트라이앵글'과 같이 사물을 수면에 투사시킴으로써 공간의 확장성을 보여주기도 하고, '빨강과 녹색'에서는 수조 안의 정형 프레임에 의하여 동일한 물을 각기 다른 영역과 공간으로 인식하게 하기도 한다.

확산적 형태로 나타나는 유형에는 낙수에 의한 물의 연출과 뿜어내기에 의한 연출방법이 있는데, 대부분 동력에 의존하여야만 의도된 모습을 선보일 수 있다. 이러한 형태의 물은 동적인 모습 자체만으로도 작가의 의도를 시각적으로 전달하기에 충분하며 때로는 청각이나 촉각에 대한 감성을 자극하기도 하는데 분출구의 형태나 유량의 정도에 따라 다양한 설계의도를 표현할 수 있는 장점을 지닌다. 또한, 수평적이거나 수직적으로 나타나는 연속적 연출에 비하여 주변 환경의 영향을 비교적 덜 받는 편이다. 1998년 '살아 있는 예술 위의 물 수제비 Ricochets sur l'art de vivre'는 분산되는 물의 다양한 모습을 통해, 물의 강렬한 운동감과 넘쳐나는 생동감을 적절히 보여주고 있다.

확산하는 또 다른 유형으로 안개의 효과를 모티브화한 사례가 자주 등장하는데, 이것은 안개에 대한 일반적 심상을 통하여 공간의 흥미로움과 신비감을 극대화하기 위함이다. 안개의 사용은 1992년 '세비야 국제 박람회'에서 안개 연출에 대한 기술이 입증된 이후 전 세계적인 유행을 타게 되었고 최근 15년 동안의 경향을 살펴볼 때 예술의 정원에서 나타난 새로운 발전이라고 할 수 있다.

조연과 배경으로서의 소재

정원 내에서 물은 때로는 다른 요소와 결합하여 보조적 역할을 담당하기도 한다. 주제 전달을 돕기 위하여 추상적이며 심미적인 의도로 연출되기도 하는 것이다. 그러한 모습은 공간구성을 위한 면적인 요소로 나타나기도 하고, 특정한 시나리오를 설명해주는 배경이 되기도 하며, 경계의 역할을 담당하는 중성적 영역성을 가지기도 한다.

'움직임le Mouvement'과 '벌막스는 우리 사이에 있다Burle-Marx est parmi nous'라는 작품에서 물은 공간의 클라이맥스를 보여주기 위한 심리적 거리감을 제공하는 요소로 등장한다. 감상자들에게 근접하기 어려운 경로를 암시하거나 신성한 것에 대한 경계와 보호의 역할을 담당하는 전이공간으로 설정된 것이다. 이것은 쉽게 물에 들어가기를 두려워하는 인간의 심리를 이용함과 동시에 동선상의 패턴 디자인을 효과적으로 보여주며, 아울러 다른 오브제들의 움직임을 강조하기 위한 배경이 되기도 한다.

물이 조연으로 등장하는 또 다른 사례는 '비너스 놀이와 우연성Le jeu de Venus et du hasard'(2장 92쪽 사진 참조)을 들 수 있는데 여기에서 물은 배

1 움직임_ le Mouvement
2 벌막스는 우리 사이에 있다_ Burle-Marx est parmi nous

경으로서의 역할뿐만 아니라 퍼즐들을 물 위에 부유하게 함으로써 주요한 개념적 소재를 유동적으로 만들어버렸고, 물 위에 떠다니며 끝없이 맞추어지지 않는 퍼즐 조각의 존재와 주요 모티브인 '비너스의 탄생'의 관계를 추상적으로 나타내고 있다.

'정원에 대한 기억Les jardins ont de la memoire'을 주제로 꾸며진 2005년도에 출품된 '실내의 방chambre intérieure'(2장 76쪽 사진 참조)은 정원과 자연에 대한 기억과 우울했던 심리를 표현하기 위해 하얀 병상을 길게 뻗은 수조 위에 설치해놓았는데, 이러한 은유에서 물이 공간구성을 위한 바탕의 역할 뿐만 아니라 설계의도를 전달하기 위한 언어로서도 활용될 수 있음을 엿볼 수 있다.

재료의 다원적 해석과 추상의 소재

정원에 예술적 실험이 가미되면서 디자이너들은 어떤 모양이든 자신의 의도를 손쉽게 표현할 수 있는 재료를 찾게 되었고, 목재와 금속 그리고 흙, 시멘트, 콘크리트를 응용하여 형태에 대한 결과물을 도출하곤 하였다.

'파란 나무들의 정원Le jardin des arbres bleus'은 목재가 가진 자연성과 함께 인간의 신체 또는 인간의 감정을 표현하는 형태적 유사성을 잘 반영하고 있는데, 다양한 형태로 다듬어진 나무들의 수형은 설계가의 의도를 전달하는 의인화된 형상을 갖추고 있으며, 움직임과 리듬을 전달하는 요소로서 정원에서의 동세와 흐름을 지시하기도 한다.

한편 '여로의 나뭇잎들Feuilles de route'을 보면 재료의 해석을 사회적 관점에 빗대어 표현하였는데, 프랑스를 향한 과거 아프리카 식민지의 이민과 여정에 따른 애환을 오브제와 그것을 구성하는 재료로 표현한 것이다. 나무의 형상 위를 뒤덮은 회반죽의 질감과 푸른 계열의 세라믹 조각은 그들이 살아온 환경 또는 고향을 암시하고 있고 그 나무의 가지에는 노스탤지어와 같은 그리움의 얼굴들이 매달려 있으며, 또 다른 스토리텔링의 주체는 목적지를 향하여 여행하는 사람을 의인화하고 있는데 금속재로 만들어져 굳건하고 강건한 의지를 표방하는 듯하다.

또 다른 사례에서 금속 재료는 강직함에 대한 은유를 갖기도 하는데, '토마토 여행의 끝Voyage au bout de la tomate'에서는 토마토의 수직적인 성장과 식물이 뻗어 나가는 의지를 도와주는 소재로 철제 사다리가 설치되었다.

미디어적 표현과 비물질적 해석

미디어media라는 단어를 해석한다면 정보 전달을 통해 인간의 커뮤니케이션을 가능하게 하는 모든 수단을 의미한다고 할 수 있다. 현대에서는 이러한 미디어적 표현을 사용하기 위하여 다양한 소재를 이용하고, 탈 장르적이고 복합적인 표현방식을 위한 실험들이 증가하고 있다. 결국, 이러한 표현의 결과는 재료가 가진 질감이나 특성을 전달하는 역할을 초월하여 비물질적 형태로서 디자이너가 요구하는 정보를 전달하거나, 사용자의 행동을 유도하여 공간 기능을 정의하게 하는 모

1 파란 나무들의 정원_ Le jardin des arbres bleus
2-3 여로의 나뭇잎들_ Feuilles de route

토마토 여행의 끝_ Voyage au bout de la tomate

습을 만들어 준다. 쇼몽의 정원에서 발견할 수 있는 재료에 의한 미디어적 표현 양상은 주로 재료의 경량성과 투명성에 의존하여 나타나고 있으며, 디자이너와 관찰자 간의 상호작용을 위한 연출의 수단으로 쓰이고 있다.

2008년에 전시된 정원 '무엇의 공간!Espèce de!'은 식물군의 종 다양성이 존재하는 두 개의 다른 성격의 정원을 구성하였다. 인위적이며 다듬어진 녹음이 풍부한 정원이 그 하나이며, 건조한 환경과 자연스러운 야생의 정원이 다른 하나를 이루고 있는데 두 영역 사이를 구분하는 투명성 비닐 통로가 존재하고 있다. 여기에서 외부공간의 실루엣이 비추어지는 통로는 양측에서 가꾸어진 두 개의 서로 다른 자연을 포용하는 지구를 의미하며 모든 환경을 공유하는 새로운 정원을 암시하고 있다. 합성수지에 의한 재료의 해석이 투명성을 통하여 개념의 간접적인 전달자로 기능하는 것이다. 이와 유사한 경향은 이미 1997년도의 작품 '정원의 통로Jardin de passage'에서도 나타나는데 섬유의 투영성을 이용하여 행로 상에 보이는 나무의 실루엣들을 중첩하고 있으며, '하나의 아이디어Une idée'에서는 대나무를 형상화한 투영성 재료 속에 금속재의 산화되는 현상을 보여줌으로써 시간성에 대한 표현 의도를 전달하고 있다.

투영되는 재료와 함께 비물질적 표현으로 많이 이용되는 재료 중의

1 정원의 통로_ Jardin de passage
2-3 무엇의 공간_ Espèce de

재료의 무중력_ Apesanteur de la matière

하나의 아이디어_ Une idée

하나로 유리와 같은 표면성을 가진 재료를 들 수 있는데, 유리와 같은 표면은 투영되기도 하며 반사되는 특성을 지닌 탓에 디자이너들은 간혹 이러한 재료들이 공간을 반영한다는 표현을 쓰기도 한다. '재료의 무중력Apesanteur de la matière'은 검은 표면의 반사를 통하여 블랙홀의 무중력적인 이미지를 전달하고 있으며 물상을 바라보는 또 다른 시각을 거울 효과를 통하여 보여줌으로써 동일 사물의 전면과 후면을 조합하는 재미를 전달하고 있다.

즉흥적인 연출을 위한 소재

만약 정원에서 감상자들의 행동에 따라 공간의 기능을 부여하고 정의하고자 한다면 가변성을 지닌 재료를 이용하고 재료에 대한 비 항상성의 관점을 전달하여 그들의 참여와 감흥을 유도하는 것은 어떨까. 정원과 같은 공간에서 일시적인 공간 연출과 퍼포먼스를 위한 가장 좋은 재료로는 섬유를 들 수 있는데, 섬유와 같은 재료는 유연성을 가지며 다양한 직조방법과 색상을 통해 뚜렷한 연출 효과와 의도를 충분히 반영할 수 있는 장점을 가진다. '어여쁜 것, 만약 장미라면 보러가자 Mignonne, allons voir si la rosée'에서 섬유는 물을 흡수하여 리트머스처럼 각기 다른 변화를 보여주는 역할을 하는데, 동일한 형태에서 각기 다른 비 항상적 현상을 보여주고 있는 것이다. '1465년부터 2005년 사이의 수놓은 기억1465~2005, Mémoire brodée'에 설치된 섬유질의 오브제는 바람에 따라 부드러운 움직임을 보여준다. 이벤트적인 연출에 의하여 또 다른

1 어여쁜 것, 만약 장미라면 보러가자_ Mignonne, allons voir si la rosée
2 1465년부터 2005년 사이의 수놓은 기억_ 1465-2005, Mémoire brodée

참여를 유도하는 사례는 '소행성Astéroïdes'에서 발견할 수 있는데 비눗방울을 지속적으로 분사함으로써 관람객들의 시선과 동선이 비눗방울의 흐름에 좌우되었다.

최근의 정원들은 원형에 대한 전통적인 모습들을 근간으로 실험적인 성향을 가지며 풍부한 미적 감성과 독창적 형태의 절묘한 결합을 선보이고 있는데, 주제를 연출하기 위한 소재와 재료의 실험과 응용이 감상자 혹은 관찰자들에게 다양한 시각적 체험을 만들어주고 이를 통하여 체험의 내면에 심미적이며 철학적 의도를 전달해준다. 마치 이것은 정원의 형식을 빌려 정의하기 어려운 직관과 기억 그리고 감정을 관찰자들에게 전달하고자 하는 호소력을 지니며, 재료를 통하여 궁극적으로 물질에 미처 반응하지 못했던 것들에 대한 감각적인 전달을 연장하는 것이다.

소행성_ Astéroïdes

"쇼몽 가든 페스티벌"에 대한 한두 가지 Tip

쇼몽의 정원 축제를 관람하기 위해선 우선 '쇼몽 성Château de Chaumont-sur-Loire'을 찾아야 한다. 화려한 중세시대의 번영을 보여주는 쇼몽 성은 15세기 르네상스 시대 초기에 접어들어 완전한 모습을 갖추었는데, 프랑스 중부 '뚜르Tours' 지방에 위치한 '루아르Loire' 강변의 고성지대 중 하나로 파리에서 남쪽으로 약 185㎞ 떨어진 곳에 위치하고 있다. 파리에서 차량을 이용하면 두 시간 남짓 소요되며, 기차를 이용한다면 파리 몽파르나스 역에서 승차한 후 '옹잔Onzain'역에서 하차하면 된다.

주변도시 '블루와Blois'와 '앙부와즈Amboise'로부터 약 20㎞ 정도 떨어진 루아르 강변의 언덕 위에 위치한 요충지로, 프랑스의 전형적인 농촌 경관을 보여주는 곳이다. 얕은 언덕 아래에 마을과 '생 니콜라스Saint-Nicolas' 성당의 종탑이 고개를 내밀고 있으며 그 전경에 조용한 강물의 흐름이 지역의 고요함을 전해준다.

쇼몽 가든 페스티벌이 개최되는 장소의 매력은 루아르 강변에 위치한다는 점과 교목의 캐노피 아래에서 이국적인 나무들이 실루엣을 연출하는 아름다운 정원과 그 위에 드러난 성의 자태를 손꼽을 수 있는데, 쇼몽 성 주변에 형성된 정원은 19세기에 들어 대량의 서양 삼목을 식재하면서 구성되기 시작하였고, 1884년에 조경가인 '앙리 뒤셔느 Henri Duchene'에 의하여 영국 풍경식 정원으로 재탄생하는 계기를 맞이하였다. 정원을 포함한 성곽의 영역은 무려 2,500헥타르에 이른다.

쇼몽의 공간 구성은 명칭에서 알 수 있듯이 쇼몽 성을 중심으로 전시, 교육, 관리시설 및 관련된 부속기관들이 함께 어우러져 있다. 공간은 크게 성곽과 공원 그리고 정원이 전시되는 공간으로 구분되며, 정원을 발견할 수 있는 지역은 다시 세 구역으로 나누어진다. 상설적인 정원을 발견할 수 있는 공간은 '정원 실습의 장'과 '안개의 골짜기', '녹슨 철의 오솔길' 등이며, 프랑스 전통 농가 유형의 중정이 있는 공간에는 방문자센터 및 정보관과 온실 그리고 야외식당이 위치하고 있다. 그리고 마지막으로 1992년 이래 가든 페스티벌이 개최되고 있는 전시회장으로 구성되어 있다.

자세한 자료는
www.domaine-chaumont.fr
에서 참고할 수 있다.

쇼몽 성 Château de Chaumont, 41150 Chaumont-sur-Loire, France(02.54.51.26.26)

정원 축제 주최기관 Conservatoire International des Parcs et Jardins, Ferme du Château, 41150 Chaumont sur Loire, France(02.54.20.99.22)

루아르 강변과 쇼몽 성의 모습

페스티벌 관람로

쇼몽 성

쇼몽 성의 정원

1-3 안개의 골짜기
4 녹슨 철의 오솔길

마구간 지역의 중정

농가 지역의 정원

참고문헌

김정필, 『조형재료학』, 재원, 2010.

게일 그리드 하나 저, 김선희 역, 『디자인의 요소들』, 안그라픽스, 2005.

노만 K. 부스 저, 조동범 역, 『조경설계의 기본요소』, 대우출판사, 2003.

미야기 순샤쿠 저, 조동범 역, 『랜드스케이프 디자인의 시좌』, 도서출판 조경, 2006.

문찬 외, 『기초조형 Thinking』, 안그라픽스, 2010.

박선의 · 최호천, 『비주얼 커뮤니케이션 디자인』, 미진사, 1999.

박지용, 『비주얼 커뮤니케이션 Design』, 영진닷컴, 2007.

조재현, 『공간에게 말을 걸다』, 멘토, 2009.

존 A. 워커 · 사라채플린 공저, 임산 역, 『비주얼 컬처』, 루비박스, 2004.

최동신 외, 『입체+공간+커뮤니케이션』, 안그라픽스, 2006.

황용득, 『재료의 미학』, 도서출판 조경, 2004.

Chantal Colleu-Dumond, Chaumont au fil des saisons, GOURCUFF GRADENIGO, 2007.

Jean-Paul PIGEAT, Que d'eau! que d'eau!, CIPJP, 1997.

Jean-Paul PIGEAT, Ricochets, CIPJP, 1998.

Jean-Paul PIGEAT, les jardins du futur, CIPJP, 2000.

Jean-Paul PIGEAT, Mosaïculture & compagnie, CIPJP, 2001.

Jean-Paul PIGEAT, les jardins du futur 1992-2002, CIPJP, 2002.

Jean-Paul PIGEAT, Vive le Chaos, CIPJP, 2004.

Jean-Paul PIGEAT, Jardinez Comme à Chaumont-sur-loire, Kubik Edi., 2005.

Jean-Paul PIGEAT, Jouer au jardin, CIPJP, 2006.

Jean-Paul PIGEAT, Mobiles, CIPJP, 2007.

Jean-Paul PIGEAT, Des jardins en partage, CIPJP, 2008.

Jean-Paul PIGEAT, Jardins de couleur, CIPJP, 2009.

Jean-Paul PIGEAT, Jardins corps et âme, CIPJP, 2010.

Jean-Paul PIGEAT, Jardins d'avenir, CIPJP, 2011.

Louisa Jones, Reinventing the Garden, Thames & Hudson, 2002.

Peter Davey, The Rebirth of the Garden, Architectural Review, sep. 1989